Christina Freiberg

Mein Heilpflanzenbalkon

Pflanzideen vom Bauchweh-Bottich bis zum Kopffrei-Kasten

Ulmer

Das steckt in diesem Buch

Schnelle Hilfe vom Balkon

Pflanzrezepte

12 Pflanzenkombinationen, die auf Balkonien wachsen und bei kleinen Beschwerden schnell die passenden Heilpflanzen liefern:

⑨ *Frauenpower* **30**

Frauenmantel, Echter Schwarzkümmel,
Eisenkraut, Wiesen-Schafgarbe und Beifuß

⑩ *Gesunde Süße* **32**

Stevia, Aztekisches Süßkraut, Süßdolde und
Chinesisches Süßblatt

⑪ *Haut und Haar* **34**

Rosmarin, Ringelblume, Arnika,
Nachtkerze und Zistrose

⑫ *Grüne Smoothies* **36**

Brunnenkresse, Brahmi, Jiaogulan
und Gotu Kola

Schnelle Hilfe vom Balkon

Leichte gesundheitliche Beschwerden lassen sich mit der grünen Apotheke zu Hause durchaus selbst behandeln. Viele Heilpflanzen gedeihen gut zusammen in Kästen und Schalen und können praktisch nach Anwendungsgebieten zusammengestellt werden.

Pflanzung und Pflege

Mit dem eigenen Anbau von Heilpflanzen schützen Sie deren Vorkommen in freier Natur und sind auf der sicheren Seite. Denn beim Bezug in Biogärtnereien können Sie sich auf Artangaben und naturreine Qualität verlassen.

Auf Nummer sicher gehen

An einem warmen Platz vor der Hauswand fühlen sich viele Kräuter wohl.

Noch vor wenigen Generationen war es ganz normal, Wildkräuter gegen gesundheitliche Beschwerden oder für die Kräuterküche in Feld und Flur zu sammeln. Mit der zunehmenden synthetischen Herstellung von Arznei- und Nahrungsmitteln ging die Kenntnis über die Pflanzen und ihre Wirkungsweisen aber verloren. Inzwischen ist das Interesse daran wieder erwacht und viele alte Hausmittel erleben eine Renaissance. Nur: Die Pflanzen sicher zu bestimmen, fällt vielen Kräutersammlern schwer. Und anders als in vorindustrieller Zeit herrscht eine durchaus berechtigte Skepsis über die Qualität der am Naturstandort gepflückten Pflanzen. Übermäßige Düngung, Abgase und saurer Regen belasten inzwischen leider auch die Wildflora.

Kein Wunder, dass viele Pflanzenfreunde Saatgut und Pflanzen deshalb lieber bei einem Anbieter ihres Vertrauens kaufen und sie dann selber kultivieren. Es ist ratsam, bei der Pflanzerde sowie bei Düngemitteln ebenfalls auf hohe Qualität zu achten. Empfehlenswert sind torffreie Produkte mit organischem Langzeitdünger und Pflanzenschutz- und -stärkungsmittel auf Biobasis. Naturnah zu gärtnern hat sich auch auf dem Balkon bewährt. Nützlinge können Sie beispielsweise mit einem Insektenhotel und Nektarpflanzen anlocken.

Das Aroma bewahren

Damit Kräuter ihre wertvollen Inhaltsstoffe richtig entfalten können, benötigen sie einen geeigneten Platz. Die meisten Heilkräuter sind Sonnenkinder, die von Natur aus auf Wiesen, Lichtungen oder an sonnigen Waldsäumen wachsen. Sie brauchen auch auf Balkon und Terrasse viel Licht und Wärme. Meist reicht jedoch eine nach Ost oder West exponierte Lage, die nur bis zum Mittag oder ab dem Nachmittag Sonne bekommt. Es gibt Heilpflanzen, die auch im Halbschatten wachsen wie Baldrian, Süßdolde und Frauenmantel; aber diese sind eindeutig in der Minderheit.

Ein anderer wichtiger Faktor ist das Substrat, in dem die Pflanzen stehen. Viele wärmeliebende Wildkräuter benötigen einen kargen, mageren und kalkreichen Boden und würden in normaler humus- und nährstoffreicher Blumenerde für Zierpflanzen kümmern. Normale Gartenerde zu verwenden, kommt für Topfpflanzen nicht infrage, denn Mikroorganismen können im Topf nicht lange überleben und ohne Bodenleben wird die Erde schnell bretthart. Für alle, die sich nicht die Mühe machen möchten, die Erde selbst zu mischen, sind im Fachhandel spezielle Kräutererde-Mischungen erhältlich, die einen höheren Mineralanteil aufweisen und beispielsweise weniger Stickstoff und dafür mehr Phosphor enthalten.

Kübel oder Kasten?

Für welches Gefäß Sie sich entscheiden, ist letztlich Geschmackssache. Hauptsache, es bietet den Pflanzen genügend Wurzelraum. Mit Ausnahme von Sumpfpflanzen wie Brahmi oder Brunnenkresse, die gerne im Wasser stehen, sollten Töpfe und Kästen über ein Wasserabzugsloch verfügen, damit sich keine Staunässe bildet. Aus einer Schale unter dem Pflanzgefäß können Sie überschüssiges Wasser leicht abgießen. Tiefwurzelnde oder rhizombildende Heilpflanzen können in ein Hochbeet gepflanzt werden, für das es mittlerweile balkontaugliche Bausätze gibt. Praktisch sind auch spezielle wasserdurchlässige Pflanztaschen aus Kunststoff, die ein ausreichend großes Volumen für Wurzelkräuter haben. Speziell für Balkongeländer gibt es auch sogenannte Bridgetöpfe, die zwei getrennte Pflanzkammern haben. Diese werden beispielsweise unterschiedlich oft gegossen oder mit verschiedenen Erdmischungen gefüllt, wenn es die Ansprüche der Pflanzen erfordern.

Ernte und Konservierung

Welche Pflanzenteile verwendet werden können und wie man sie am besten nutzt, ist von Art zu Art verschieden. Frisch geerntet enthalten sie den höchsten Anteil an Wirkstoffen. Es gibt aber auch gute Methoden, sie eine Zeit lang haltbar zu machen.

Der beste Zeitpunkt

Je nach Art entwickeln Kräuter den höchsten Anteil wertvoller Inhaltsstoffe zu unterschiedlichen Jahreszeiten. Das Aroma, das die Pflanzen dann entfalten, kann dafür ein guter Gradmesser sein. Bei Lippenblütlern wie Salbei oder Ysop liegt der beste Zeitpunkt zu Beginn der Blüte. Dann duften sie auch besonders stark. Andere wie Beifuß sind bereits bei der Knospenbildung erntereif und sollten spätestens dann gepflückt werden. Lavendel, Thymian oder Ringelblume sind während ihrer Vollblüte am aromatischsten und Fenchel oder Schwarzkümmel erreichen ihr Optimum während der Samenreife. Außerdem kommt es vor, dass nicht alle Pflanzenteile gleichzeitig reif und einzelne Blütenstände weiter entwickelt sind als andere.

Ernte je nach Tagesform

Auch das Wetter und die Tageszeit beeinflussen den Erntezeitpunkt. Während Wurzelkräuter sehr früh morgens den höchsten Gehalt aufweisen, entfalten Heilpflanzen mit ätherischen Ölen ihre Blüten erst um die Mittagszeit und erreichen dann ihr volles Aroma. Blüten und Blätter von Kräutern mit hohem Gerbstoffanteil oder mit wertvollen Senfölen und Flavonoiden werden am besten in den späteren Nachmittagsstunden geerntet. Auch für die Samenernte ist dies die beste Zeit. In den Abendstunden verlagert sich der Stoffwechsel der Pflanzen in die Wurzeln, übrigens ebenso wie bei abnehmendem Mond. Dann spielt sich in den oberirdischen Pflanzenteilen nicht so viel ab wie am Tag, beziehungsweise wie bei zunehmendem Mond. Ernten Sie am besten bei trockenem Wetter und bedecktem Himmel. Dann verflüchtigen sich ätherische Öle nicht so schnell.

Pflücken und trocknen

Während Blüten je nach Entwicklungsstand einzeln gepflückt werden, sollten Sie bei der Blatternte immer ganze Stiele schneiden und die Blätter dann vorsichtig abzupfen. Das hat zwei Gründe: Zum einen lassen sich die Blätter so schonender abtrennen, zum anderen kann die Pflanze an der Schnittstelle neu austreiben und erhält so ihren buschigen Wuchs. Das Trocknen ganzer

Triebe behält die Wirkstoffe besser, als wenn die Pflanzen vorher zerkleinert werden, denn durch jede Schnittstelle gehen Inhaltsstoffe verloren. Zerrieben werden sie erst kurz vor dem Benutzen. Auch der Zeitfaktor spielt eine Rolle. Je frischer die Kräuter verwendet werden oder je schneller sie trocken sind, desto besser. Allerdings zerstören höhere Temperaturen als etwa 40 °C die empfindlichen Zellen und die darin enthaltenen Wirkstoffe. Schonend trocknen ganze Stiele an einem dunklen und warmen, luftigen Platz – beispielsweise aufgehängt an einem Haken oder ausgebreitet auf einem Gitterrost. Nach dem Trocknen sollten die Heilkräuter dunkel, trocken und kühl gelagert werden. Braune Gläser mit Schraubdeckel oder ein verschlossenes Sammelbehältnis für die Tüten sind am besten geeignet.

Ernten Sie ganze Stiele und zupfen Sie die Blätter erst anschließend ab.

Die Heilkräfte nutzen

Die einfachste Möglichkeit, den Heilkräutern ihre Wirkung zu entlocken, ist ein Teeauszug: sprich, die Pflanzenteile mit heißem oder kaltem Wasser zu übergießen und ziehen zu lassen. Er lässt sich unterschiedlich nutzen: innerlich als Tee, äußerlich als Umschlag oder als Badezusatz. Heilpflanzen mit einem hohen Anteil fettlöslicher Substanzen eignen sich für ein Aromaöl zum Einreiben oder als Emulsion für eine Salbe. In Form einer Tinktur, also als konzentrierte, alkoholhaltige Lösung, sind Extrakte länger haltbar und werden nach Bedarf verdünnt eingenommen oder aufgetragen. Turbokräfte entfalten frische Heilpflanzen beim Pürieren mit einem Stabmixer. Deshalb strotzen Smoothies auch nur so vor Kraft. Sie sollten schnell getrunken werden, bevor sich die freigesetzten Wirkstoffe verflüchtigen.

12 Pflanzrezepte

Besonders praktisch für den Hausgebrauch ist es, sich eine Heilpflanzenauswahl nach persönlichen Bedürfnissen auf dem Balkon zusammenzustellen. So haben Sie vorbeugend oder gegen bestimmte Symptome immer eine kleine Apotheke im Grünen parat.

Pflanzrezepte nach Indikationen

Schon im frühen Mittelalter war es in den Klöstern üblich,
Heilpflanzen im Garten zu kultivieren. Um bei Bedarf schnell
die richtigen Mittel parat zu haben, wurden Gewächse mit
ähnlicher Wirkungsweise in einem Beet zusammengepflanzt –
gewissermaßen als Apotheke im Freien.

Das Prinzip der Apothekergärten bietet sich auch für den Kräuteranbau zu
Hause an. Im engen Raum eines Balkonkastens oder eines Kübels können
sich die Pflanzen allerdings nicht so entfalten wie in einem großen Apothe-
kergarten. Auch hinsichtlich der Ergiebigkeit hat so ein Kasten natürlich
seine Grenzen. Für mehr als ein Exemplar pro Art ist er meist nicht ausge-
legt. Die Rezepte in diesem Buch sind aber so konzipiert, dass Sie schon mit
wenigen Blättern oder Blüten akute Beschwerden lindern können. Außerdem regt stetige Ernte die Pflanze auch zu neuem Austrieb an, denn die
Pflanzen wollen ja blühen und Samen bilden. So können Sie pro Saison
meist zwei- oder sogar dreimal ernten, ohne die Pflanzen zu schwächen.

Die Mischung macht's

Die Auswahl der Heilpflanzen für den Mini-Apotheker-Garten auf Balkon oder
Terrasse muss den speziellen Kriterien des Standorts folgen. Denn anders als
im Beet kommen im Topf die oft sehr verschiedenen Ansprüche der Gewächse
auf engstem Raum erschwerend hinzu. Licht, Substrat und Feuchtigkeit sollen schließlich allen Pflanzen in einem Gefäß gleichermaßen behagen. Die
nachfolgenden Bepflanzungsvorschläge wurden daher nur für Arten konzipiert, die ähnliche Standortgegebenheiten schätzen und leicht zu kultivieren
sind. Außerdem sind sie nachhaltig in Bezug auf ihr Erntepotenzial, das heißt,
sie treiben schnell neu aus oder vermehren sich problemlos durch Aussamen.
Auf Wurzelkräuter wurde beispielsweise bewusst verzichtet, denn deren Anbau ist im Topf nicht nur schwierig bis unmöglich, sondern zielt auch auf eine
nur einmalige Nutzung ab. Abgesehen davon werden womöglich andere
Pflanzen beim Ausgraben gestört. Eine Ausnahme bilden Pflanzen wie der
Gewürzfenchel, der zwar eine lange Wurzel bildet und dafür ein großes Gefäß
benötigt, von dem aber nur die oberirdischen Teile, also Blätter, Blüten und
Samen, geerntet werden.

Dort, wo keine „All-in-one-Bepflanzung" infrage kommt, ist ein Topfarrangement aus einzelnen Gefäßen eine gute Lösung. Dies bietet beispielsweise
die Möglichkeit, frostempfindliche Gewächse wie Aloe separat im Haus zu
überwintern oder Sumpfpflanzen wie Brunnenkresse in einem besonders
feuchten Milieu zu kultivieren.

Vegane Proteine

Eine Sonderstellung in diesem Buch erhalten stark eiweißreiche Pflanzen, die im Zuge einer veganen Ernährung immer mehr Anhänger finden. Sie benötigen für einen effizienten Anbau aber mehr Platz, als ein Topf oder Kasten bieten kann, und werden hier deshalb nur am Rande vorgestellt. Neben der Sojabohne (*Glycine max*) sind dies beispielsweise Chia (*Salvia hispanica*), Quinoa (*Chenopodium quinoa*), Amarant (*Amaranthus caudatus*) und die Gewöhnliche Sonnenblume (*Helianthus annuus*). Sie liefern nicht nur proteinreiche Samen, sondern bieten auf dem Balkon zur Blütezeit auch einen sehr schönen Anblick und haben deshalb zusätzlich einen therapeutischen Wert als Stimmungsaufheller. Schon allein dafür lohnt sich der Anbau. Da einige Eiweißlieferanten Tiefwurzler sind, zum Beispiel die Schmalblättrige Lupine (*Lupinus angustifolius*), oder sich wie Erdmandel (*Cyperus esculentus*) oder Erdnuss (*Arachis hypogaea*) überwiegend im Boden entwickeln, kommt für ihre Kultur auf dem Balkon allenfalls ein Hochbeet infrage, das ausreichenden Wurzelraum bietet.

Praktisch: Die Heilkräuter sind wie auf Rezept vom Arzt zusammengepflanzt.

1 *Klarer Kopf*

Schon geringe Kopfschmerzen können die Empfindsamkeit immens stören und das Leistungsvermögen beeinträchtigen. Wer dann nicht immer gleich zur Tablette greifen möchte, kann den Schmerz mit Topfkräutern wie Lavendel, Rosmarin, Mädesüß, Schlüsselblume, Mutterkraut oder Echtem Ziest wirksam lindern.

Wer häufiger von Kopfweh geplagt wird, sollte vom Arzt abklären lassen, welcher Auslöser dafür vorliegt oder ob eine ernsthafte Erkrankung dahinter steckt. Wer nur gelegentlich unter Kopfschmerzen leidet, kann sich gut mit den für dieses Pflanzrezept ausgewählten Kräutern helfen.

Schmerzstillend und krampflösend

Eine Alternative zur Kopfschmerztablette sind Kräuter wie das Mädesüß und die Schlüsselblume, denn sie enthalten ein natürliches Depot an Acetylsalicylsäure. *Spiraea ulmaria*, wie das Mädesüß (heute *Filipendula ulmaria*) früher mit botanischem Namen hieß, ist Namensgeberin des Aspirins. Aus ihr wurde erstmals das Glykosid Salicin isoliert, der Grundstoff des bekannten Schmerzmittels. Wie bei der **Schlüsselblume** (*Primula veris*) steckt der Wirkstoff zwar überwiegend in der Wurzel, aber auch aus den Blüten der Schlüsselblume und aus Blüten und Blättern des **Mädesüß** lässt sich ein schmerzstillender Tee bereiten.

Das **Mutterkraut** (*Tanacetum parthenium*) erweitert die Blutgefäße und wirkt durch Parthenolid entzündungshemmend und krampflösend. Es hilft vorbeugend gegen Migräneattacken, insbesondere wenn diese hormonell bedingt sind. Schwangeren und Korbblüten-Allergikern wird aber von der Anwendung abgeraten.

Lavendelblüten beruhigen gereizte Nerven, ein Extrakt aus **Rosmarin**blättern oder den Blüten und Blättern des **Echten Ziest** (*Stachys officinalis*) aktivieren Durchblutung und Kreislauf. Als Aromaöl auf Stirn, Schläfen und

Blütenstand des Echten Ziest.

Ein Duftkissen zur Entspannung

Bei Kopfweh hilft es oft schon, sich ein paar Minuten hinzulegen und die Augen zu schließen. Unterstützend wirkt ein Duftkissen unter dem Kopf. Dazu stellen Sie zu gleichen Teilen ein Potpourri aus getrockneten Lavendel- und Ziestblüten, Pfeffer-Minz- und Rosmarinblättern zusammen und füllen dies in ein Baumwoll- oder Chintz-Säckchen mit Zugband.

Pflanzen mit unterschiedlichen Bodenansprüchen bilden ein Topf-Potpourri.

Nacken aufgetragen hilft es ebenso wie das im Wirkungsgrad durchaus mit Paracetamol vergleichbare Pfeffer-Minzöl, das auch für Kinder verträglich ist.

Gemeinsam stark

Mit Ausnahme des Mädesüß, das einen feuchteren Standort schätzt, benötigen alle Kräuter einen sonnigen Platz und einen warmen, durchlässigen, kalkreichen Boden. Sie können in beliebiger Reihenfolge in einen Balkonkasten mit spezieller Kräutererde gepflanzt werden. Der Lavendel benötigt im Frühjahr einen Rückschnitt, damit er seinen kompakten Wuchs behält. Es ist auch möglich, die Pflanzen in einem Topfarrangement zusammenzustellen. Dann wird das Mädesüß mit in den Kräuterkreis einbezogen und einfach häufiger gegossen.

2 Nur die Ruhe

Unter Termindruck, privaten Sorgen, Schlaflosigkeit und beruflichem Stress leiden immer mehr Menschen. Gegen nervöse Beschwerden ist zum Glück so manches Kraut gewachsen – zum Beispiel Basilikum, Johanniskraut, Kamille, Kappenmohn, Lavendel und Malve.

Bewahrt die Nerven: Johanniskraut hilft bei Stress und innerer Unruhe.

Badekugeln zum Relaxen

Mischen Sie für drei Badekugeln 40 g Natron, 20 g Zitronensäure, 20 g Speisestärke, 20 g geschmolzene Kakaobutter und 10 g Milchpulver mit je 15 Tropfen Johanniskraut-, Lavendel- und Basilikumöl. Fügen Sie noch Kräuterblüten von Lavendel und Johanniskraut hinzu und kneten Sie alles durch, bis die Masse geschmeidig ist. Formen Sie drei Kugeln und verwenden Sie eine pro Bad.

Dass Wohlfühlen und Gesundheit eng miteinander verzahnt sind, wird besonders deutlich bei organischen Krankheiten, die auf nervösen Störungen beruhen. Ganz auf Wellness eingestellt ist deshalb dieses Pflanzrezept, in dem das beruhigende **Johanniskraut** im Mittelpunkt steht. Als Ruhestifter gelten auch Hopfen und Baldrian, die aber für den Anbau auf dem Balkon nicht so gut geeignet sind wie **Lavendel** (*Lavandula angustifolia*) oder das in Indien als Königskraut verehrte **Tulsi-Basilikum** (*Ocimum tenuiflorum).* Ein Tee aus frischen Blättern senkt den Kortisolspiegel und baut Stress ab – ähnlich wie ein Extrakt aus getrockneten Blüten und Blättern des **Kappenmohns** (*Eschscholzia californica*).

Blühendes Johanniskraut.

Hilfe für das Nervenkostüm

Da sich Stress oft auf den Magen niederschlägt, kommen auch **Kamille** (*Matricaria recutita*) und **Malve** (*Malva sylvestris*) ins Spiel, die für ihre magenberuhigende Wirkung bekannt sind. Die Hauptrolle in diesem Potpourri hat das Johanniskraut (*Hypericum perforatum*), das über den Pigmentfarbstoff Hypericin das zentrale Nervensystem beeinflussen kann und eines der effektivsten Bestandteile in pflanzlichen Antidepressiva ist. Ein wichtiger Aspekt ist auch die stimmungserhellende Wirkung von Farben. Bei diesem Pflanzvorschlag kommt sie besonders zum Tragen. Die intensiven, fröhlichen Blütenfarben der Protagonisten sorgen zusätzlich für gute Laune.

Der Reihe nach

Alle Bestandteile dieses Pflanzrezeptes eignen sich für eine „All-in-one-Bepflanzung", denn sie stellen ähnliche Ansprüche an Boden und Feuchtigkeit. Ernten Sie vom Basilikum immer ganze Stiele, damit es buschig nachwächst. Johanniskraut und Malve streben nach oben. Für eine ausgewogene Bepflanzung sollten sie deshalb im Balkonkasten das Basilikum flankieren. Der Kappenmohn samt sich mit der Zeit im Kasten von selbst aus und agiert dann mit seinen auffälligen orangefarbenen Scheibenblüten als blühender Lückenfüller.

③ *Paroli bieten*

Mit einer Erkältung kämpft jeder einmal. Halsweh, Schnupfen und Heiserkeit sind ihre lästigen Begleiterscheinungen. Dieses Pflanzrezept aus Thymian, Scheinsonnenhut, Parakresse, Salbei und Malve stärkt die Abwehrkräfte und dient dazu, Infektionen der oberen Atemwege schnell zu besiegen.

Am besten ist es natürlich, sich eine Erkältung erst gar nicht einzufangen. Weniger Chancen haben Keime, wenn das Immunsystem intakt und der Körper ausreichend mit Vitaminen versorgt ist. Eine gesunde Ernährung trägt dazu viel bei, aber Heilpflanzen, die natürliche Abwehrkräfte stärken, können dies noch unterstützen. Zum Beispiel mit einer Tinktur aus frischen Blättern von *Echinacea purpurea*, dem **Roten Scheinsonnenhut**. Ähnlich wie bei der Echten Kamille ist er erntereif, sobald sich sein körbchenartiger Blütenboden nach oben wölbt und die Zungenblüten nach unten weisen. Als hoch aufragende Leitstaude wird er idealerweise im hinteren oder zentralen Teil eines Kübels platziert. Gleichbleibende Feuchtigkeit ist wichtig, aber auch die Versorgung mit einem organischen Langzeitdünger – beispielsweise Düngekegel, die man neben die Wurzeln stecken kann.

Trio gegen Halsweh

Dazu gesellen sich **Thymian** und **Salbei** als bewährte Mittel gegen Halsweh, Husten und Heiserkeit. Die beiden mehrjährigen Lippenblütler wachsen bevorzugt in durchlässigen warmen Böden an einem sonnigen Platz und enthalten ätherische Öle sowie antibiotische Wirkstoffe. Salbei ist außerdem entzündungshemmend und zusammenziehend, während Thymian schleim- und krampflösend wirkt. Ähnliche Eigenschaften und Standortansprüche weist auch die **Wilde Malve** auf. Als ebenfalls hochwüchsige Staude sollte sie mit etwas Abstand zum Scheinsonnenhut gepflanzt werden. Ein Tee als Gurgellösung aus den getrockneten Blättern und Blüten von Malve, Thymian und Salbei hilft bei akuter Halsentzündung.

Gurgellösung gegen Halsweh

Je zwei Teelöffel zerkleinerte Salbeiblätter, Thymiankraut und Malvenblüten mit 250 ml kochendem Wasser übergießen und 10 min ziehen lassen. Dann die Pflanzenreste abseihen und den Tee abkühlen lassen. Anschließend damit ausgiebig gurgeln.

Anti-Schmerz-Kraut

Die scharf schmeckende **Parakresse** (*Acmella oleracea*) ist frostempfindlich und kann in unseren Breiten nur einjährig kultiviert werden. Ihre Blätter und Blüten werden zur Blütezeit geerntet und wirken bei Entzündungen im Mundraum betäubend. Die Pflanze wächst niederliegend und wird im Kräuterkasten an den Rand gepflanzt. Ebenso wie die übrigen Vertreter dieser Pflanzenauswahl bevorzugt sie einen sonnigen Standort mit durchlässiger Erde, muss aber öfter gegossen werden als Salbei oder Thymian. Um den Salbei schön buschig zu halten, wird er im Frühjahr um etwa die Hälfte zurückgeschnitten.

Malve, Salbei und Scheinsonnenhut bilden im Kasten ein abwehrstarkes Team.

4 Tief durchatmen

Hartnäckiger Husten und ein stechender Schmerz beim Atmen sind meist auf eine Bronchitis zurückzuführen. Dafür, dass die Entzündung schnell wieder abklingt, sorgt die geballte Kraft aus Eibisch, Lungenkraut, Spitz-Wegerich, Anis-Ysop und Kapuzinerkresse.

Wohltuend bei einer Entzündung der Bronchien sind Mittel, die den Hustenreiz lindern und das Abhusten fördern. Bei dem hier vorgestellten Pflanzrezept haben die Pflanzen ähnliche Standortansprüche und können in einem Kasten zusammengepflanzt werden. Während der Vegetationszeit sind immer genügend Pflanzenteile nutzbar und einige können für die Wintermonate als Tinktur konserviert werden.

Geballte Kraft gegen Bakterien: Anis-Ysop, Lungenkraut und Kapuzinerkresse.

Wohltuender Hustentee

Geben Sie je eine Handvoll getrocknete Spitz-Wegerichblätter und -blüten sowie Lungenkrautblätter in eine leere Kanne und gießen Sie mit kochendem Wasser auf. Lassen Sie den Sud etwa 10 min ziehen und seihen Sie die Pflanzenteile dann ab. Trinken Sie von dem Tee bei akuten Beschwerden zwei bis drei Tassen täglich. Einen Tee mit derselben Wirkung können Sie auch mit den Blüten und Blättern von Eibisch und Anis-Ysop zubereiten.

Im Frühjahr erscheinen zunächst die Blätter des **Lungenkrautes** (*Pulmonaria officinalis*) mit schleimlösenden und beruhigenden Inhaltsstoffen. Später im Mai und Juni ist der blühende **Spitz-Wegerich** (*Plantago lanceolata*) erntereif, dessen Blüten und Blätter zusätzlich entzündungshemmend und antibakteriell wirken. Im Sommer blühen **Anis-Ysop** (*Agastache foeniculum*) und **Eibisch** (*Althaea officinalis*) – beide ebenfalls mit schleimlösenden Wirkstoffen.

Blüten und Blätter des Spitz-Wegerich.

Hilfe aus der Natur

Bronchitis kann schnell chronisch werden, wenn die Gegenmaßnahmen nicht ausreichen. Deshalb wird dem Pflanzrezept als einjährige Art noch die rankende **Kapuzinerkresse** (*Tropaeolum majus*) hinzugefügt, denn diese verfügt von Natur aus über ein Antibiotikum, das Krankheitskeime wirksam bekämpft. Außerdem enthält auch sie schleimlösende Stoffe und kommt deshalb in der Phytomedizin häufig bei Erkrankungen der Atemwege zum Einsatz.

Jedem seinen Platz

Alle Gewächse benötigen einen frischen nährstoffreichen Boden, am besten mit einem Anteil humoser Bestandteile. Regelmäßige organische Düngung ist ratsam, um Nährstoffmangel zu verhindern. Lungenkraut und Spitz-Wegerich beanspruchen in einem Kasten weniger Platz als Eibisch oder Anis-Ysop. Es ist deshalb ratsam, größere und kleine Gewächse abwechselnd zu pflanzen und die rankende Kapuzinerkresse an den Rand des Kastens zu setzen, wo sie herabhängen oder sich an einem Gitter heraufwinden kann. Dass Wegerich und Lungenkraut im Sommer von den größeren Arten überragt werden, ist nach deren Blütezeit akzeptabel, denn sie tolerieren vorübergehend auch Schatten. Alle Pflanzen sind in Bezug auf ausreichende Wasserversorgung anspruchsvoll und sollten gleichmäßig feucht gehalten werden.

5 Anti-Aging

Bis ins hohe Alter fit zu bleiben, wünscht sich wohl jeder. Einen Jungbrunnen auf pflanzlicher Basis bieten ayurvedische Heilkräuter wie Gotu Kola, Brahmi und Jiaogulan sowie Goji- und Aroniafrüchte mit wahren Beerenkräften.

Geballte Pflanzenpower, die für jugendliche Vitalität sorgt, steht hoch im Kurs. Zwar lassen sich die Gewächse der hier vorgestellten Forever-Young-Konstellation aufgrund unterschiedlicher Nährstoff- und Feuchtigkeitsansprüche nicht zusammenpflanzen, aber in einem sind sich Goji- und Apfelbeere, Jiaogulan, Brahmi und Gotu Kola ähnlich. Sie verfügen über einen hohen Anteil an Antioxidantien, die vor freien Radikalen im Körper schützen und so das Altern der Zellen deutlich verlangsamen. Außerdem senken sie den Cholesterinspiegel, steigern die Durchblutung und fördern die Gedächtnisleistung. Von Vorteil ist auch, dass Sie Früchte und Blätter in der Topfkultur nach Bedarf ernten können. Bei den Blättern von **Gotu Kola** (*Centella asiatica*) und **Brahmi** (*Bacopa monnieri*) ist dies sogar ganzjährig möglich, denn die tropischen Pflanzen sind immergrün und überwintern im Haus.

Die Kräfte einteilen

Die Blätter von **Jiaogulan** (*Gymnostemma pentaphyllum*) sterben über Winter im Freien ab, beim Überwintern im Haus behält die Pflanze ihr Laub. Sie braucht als Kletterpflanze nur ein Rankgerüst oder eine Hängeampel. Die 1–2 m hohe **Goji-Beere** (*Lycium barbarum*) beansprucht einen großen Kübel und verliert über Winter das Laub. Dennoch hat sie einen hohen Zierwert mit den kleinen lila Blüten und den leuchtend roten Beeren im Herbst. Nach der Ernte eignen sich die Beeren getrocknet als Beigabe im Müsli, Joghurt und Desserts oder eingekocht als Chutney. Im Herbst sind auch die kleinen

Gojibeeren enthalten viele Antioxidantien.

Fruchtaufstrich aus Goji-Beeren

Bringen Sie 500 g frische oder eingeweichte getrocknete Goji-Beeren in einer Mischung aus 250 ml Apfelsaft und 250 ml Wasser zum Kochen. Nach 5-minütigem Köcheln pürieren Sie die Beeren im Sud. Fügen Sie entweder 250 g Gelierzucker 2:1 oder ein anderes Geliermittel hinzu und lassen Sie die Fruchtmasse weitere 4 min köcheln. Füllen Sie das Fruchtpüree dann sofort in saubere, heiß ausgespülte Gläser mit Twist-off-Verschluss.

Als Jungbrunnen fungieren Jiaogulan, Gotu Kola, Brahmi (von links nach rechts) und vorn die Apfelbeere.

Apfelbeeren von *Aronia melanocarpa* erntereif. Der ebenfalls 1–2 m hohe Strauch ist sommergrün, aber frosthart und kann über Winter im Freien bleiben. Die Beeren schmecken sehr bitter, sind aber roh genießbar und lassen sich zu Kompott, Konfitüre und Saft verarbeiten. Beide Beerensträucher werden getrennt im Topf kultiviert. Brahmi und Gotu Kola bilden kriechende Ausläufer und kommen zusammen in ein flaches Gefäß, in dem die Erde immer feucht gehalten wird. Ihre Blätter eignen sich frisch kleingeschnitten – wie die von Jiaogulan – für Salate und getrocknet für Teezubereitungen.

6 Erste Hilfe

Die grüne Apotheke hält auch einen Notfallkoffer parat: Mit kleinen Wunden, schmerzendem Sonnenbrand, Insektenstichen und vielem mehr machen Arnika und Aloe, Hauswurz, Ringelblume und Spitz-Wegerich kurzen Prozess.

Im ABC der schnellen Helfer in der Not tummeln sich einige Vertreter aus dem Pflanzenreich. Manche davon lassen sich gut im Topf auf dem Balkon ziehen und sind im Fall des Falles schnell zur Hand. Wohltuende Kühlung bei Sonnenbrand und Mückenstichen bieten **Aloe** (*Aloe vera*), **Hauswurz** (*Sempervivum tectorum*) und **Spitz-Wegerich** (*Plantago lanceolata*). Ihre Blätter enthalten ein antibakteriell wirkendes Gel bzw. einen desinfizierenden Pflanzensaft, der frisch verwendet Juckreiz schnell lindert.

Mildernde Umschläge

Alle, die nicht gegen Korbblütler allergisch sind, können einen Kaltauszug aus **Arnika** (*Arnica montana*) ansetzen. Die zur Erntezeit im Hochsommer hergestellte Ur-Tinktur daraus wird 10-fach mit Wasser verdünnt und als Umschlag auf die betroffenen Stellen gelegt. Sie hilft bei Entzündungen, Prellungen und Verstauchungen und ist lange haltbar. **Ringelblumen** (*Calendula officinalis*) eignen sich zum Säubern offener Wunden. Dazu werden von voll erblühten Pflanzen zwei Teelöffel Blüten in eine Tasse gelegt und mit kochendem Wasser übergossen. Auch auf Vorrat getrocknete Blüten eignen sich dafür. Sie werden nach 10-minütigem Ziehen abgeseiht und der Sud nach dem Abkühlen vorsichtig mit einem sterilen Baumwolltuch aus dem Verbandskasten auf die Wunde getupft.

Bei Sonnenbrand oder Insektenstichen steht schnelle Hilfe sofort parat.

Pflegeleichte Kultur

Alle Gewächse dieses Rezepts stehen gern warm, sonnig und brauchen durchlässige, magere Erde. Spitz-Wegerich, Arnika und Ringelblume haben einen ähnlichen Wasserbedarf, sie könnten auch zusammengepflanzt werden. Eine phosphorhaltige Düngung sorgt für reiche Blüte. Die beiden Sukkulenten, Aloe und Hauswurz, kommen lange ohne Gießen aus. Die Hauswurz benötigt noch nicht einmal viel Substrat. Beide stehen besser separat in jeweils eigenen Gefäßen, denn Aloe benötigt im Winter einen hellen, frostfreien Platz im Haus. Weitere Erste-Hilfe-Heilpflanzen sind Melisse, Kamille, Johanniskraut und Basilikum – für den Fall, dass noch Platz ist am Balkongeländer.

Ringelblumensalbe gegen Sonnenbrand

Erhitzen Sie 250 ml hochwertiges Sonnenblumenöl (wahlweise auch Schmalz oder Bienenwachs) in einem Topf auf dem Herd und geben Sie dann eine Handvoll Ringelblumenblüten mit Blütenboden und Stielansatz dazu. Schalten Sie den Herd aus und rühren Sie die Mischung etwa ½ h lang gelegentlich um. Lassen Sie die Masse unter einem Deckel über Nacht weiter ziehen. Anschließend durch kurzes Erhitzen noch mal verflüssigen, durch ein Küchensieb in ein Gefäß mit Schraubverschluss abseihen und verschließen.

7 *Lust und Laune*

Es gibt Tage, da will einfach nichts gelingen. Kraftlos kämpft man sich durch den Tag und benötigt eigentlich dringend einen Frische-Kick, zum Beispiel durch anregende Blütenfarben, faszinierende Blüten wie die der Passionsblume, aber auch Gute-Laune-Kräuter wie Johanniskraut, Zitronen-Melisse, Borretsch und Wiesenknopf.

Wer Anregungen braucht, um wieder Schwung zu bekommen, sollte zunächst einmal auf visuelle Reize setzen, denn die wirken unmittelbar. Schmuckpflanzen wie **Passionsblume** (*Passiflora incarnata*) und das leuchtende Blau von Borretschblüten heben zweifelsfrei die Stimmung. Die positive Wirkung von Farben auf das Unterbewusstsein ist kein Geheimnis. Das **Johanniskraut** (*Hypericum perforatum*) ist für seine antidepressive Wirkung bekannt, und zwar auch wegen seines Farbstoffs. Eingelagerte Pigmente färben das Johanniskrautöl leuchtend rot – in der Anthroposophie gilt dies als Zeichen für die gespeicherte Kraft der Sonne, die auch in der dunklen Jahreszeit noch die Gemüter erhellt. Auf dem richtigen Weg ist, wer sich mit intensiven Farben und bunten Blumen umgibt und vielleicht noch farblich passende Accessoires für die Bepflanzung wählt, beispielsweise einzelne bunte Übertöpfe. Alle hier verwendeten Pflanzen schätzen einen sonnigen Standort und einen nährstoffreichen, gleichmäßig feuchten Boden und könnten daher auch in einen Kasten zusammengepflanzt werden.

Interessante Blüten wie die der Passionsblume wecken die Aufmerksamkeit.

Tatendrang wecken

Natürlich sind es auch die stimmungsaufhellenden Wirkstoffe der Pflanzen, die Körper und Seele verwöhnen. Die zitronige Frische der **Melisse** beispielsweise deutete bereits Hildegard von Bingen als Gute-Laune-Kraut. Sie beschrieb die Pflanze als Mittel, „welche das Herz freudig" macht. Dass Melisse

Frankfurter Grüne Soße

Der Kleine Wiesenknopf und der Borretsch sind zwei der sieben Bestandteile der bekannten Kräutersoße, die ein Kartoffelgericht mit hartgekochten Eiern verfeinert. Dazu werden für zwei Portionen je 10–15 g der Blätter von Wiesenknopf, Borretsch, Petersilie, Schnittlauch, Kerbel, Kresse und Sauerampfer sehr fein gehackt, mit 100 g Sauerrahm, etwas Salz, Senf und Zucker gemischt und schließlich mit 500 g Naturjoghurt verrührt. Wer mag, kann noch etwas Zitrone oder Essig hinzufügen.

auch eine beruhigende Wirkung hat, steht dazu nicht im Widerspruch. Viele Kräuter, die sich positiv auf die Stimmung und den Stoffwechsel auswirken, sorgen zunächst einmal dafür, den Körper zu entspannen. Auch der Stimmungsmacher **Borretsch** (*Borago officinalis*) enthält Wirkstoffe, die den Körper erstmal zur Ruhe kommen lassen – wie eine Art Reset. Der **Kleine Wiesenknopf** (*Sanguisorba minor*) wirkt reinigend und anregend – ideal um Frühjahrsmüdigkeit zu vertreiben. Die robuste und pflegeleichte Pflanze sät sich selbst aus und die wintergrünen Blätter können rund ums Jahr für Salate und Soßen geerntet werden.

Die richtigen Kräuter sorgen erst für innere Ausgeglichenheit und dann für gute Laune.

8 Gutes Bauchgefühl

Dass einem mal etwas auf den Magen schlägt oder über die Leber läuft, kommt vor. Aber das ist kein Problem, solange Sie Kamille, Fenchel, Kümmel, Beifuß oder Pfeffer-Minze frisch vom Balkon oder bereits getrocknet zur Verfügung haben.

Bei Beschwerden des Verdauungstraktes sind Pfeffer-Minze, Fenchel oder Kamille Mittel der Wahl, um ein flaues Gefühl schnell zu beheben. Ob Völlegefühl, Blähungen oder Krämpfe, Sodbrennen, Verstopfung oder Durchfall – gegen die meisten Magen- und Darmbeschwerden ist ein Kraut gewachsen. Eine kleine Topfsammlung der wichtigsten Heilkräuter gegen diese Beschwerden kann also nichts schaden – im Gegenteil.

So verschieden ihre Standortansprüche auch sind, in der Wirkung sind Pfeffer-Minze und Kamille gleich.

Verschiedene Einsatzgebiete

Dass alle Verdauungsorgane miteinander in Verbindung stehen und sich gegenseitig beeinflussen, kann bei einer Erkrankung von Nachteil sein. Für die Behandlung mit Kräutern ist es von Vorteil. Ein Heiltee oder eine Tinktur aus Blättern und Blüten von Fenchel, Kamille und Pfeffer-Minze beeinflusst den ganzen Magen-Darm-Trakt und entfaltet die heilenden Kräfte direkt an Ort und Stelle: Sodbrennen und Völlegefühl werden gelindert, Gallenflüssigkeit angeregt und die Darmtätigkeit normalisiert. **Kamille** (*Matricaria recutita*) lindert Entzündungen und Krämpfe, **Pfeffer-Minze** (*Mentha piperita*) wirkt beruhigend auf Magen und Gallenwege, **Kümmel** (*Carum carvi*) hilft gegen Blähungen und Völlegefühl, **Fenchel** (*Foeniculum vulgare* var. *dulce*) ist krampflösend und beruhigend im Magen-Darm-Bereich und **Beifuß** (*Artemisia vulgaris*) wirkt mit seinen Bitterstoffen anregend auf die Verdauung.

Ein Balkon-Potpourri wohltuender Magenkräuter.

Die fünf genannten Kräuter können Sie gut im Topf oder Balkonkasten kultivieren. Die Pfeffer-Minze steht besser separat, da sie sich stark über Wurzelausläufer ausbreitet. Außerdem braucht sie mehr Wasser, steht nicht gern in der prallen Sonne und bevorzugt einen lehmigen Boden. Blüten und Blätter enthalten den höchsten Anteil ätherischer Öle bei Blühbeginn. Kamille und Beifuß mögen tiefgründige, durchlässige und gleichbleibend feuchte Erde. Sie können zusammen in einem Gefäß kultiviert werden. Während der Beifuß im Knospenstadium geerntet wird, ist die Kamille erst zur Vollblüte erntereif. Kümmel schätzt ein feuchtes, stärker humoses Substrat. Seine Samen sind im Spätsommer reif. Gewürzfenchel benötigt ein etwa 40 cm tiefes Gefäß für seine lange Wurzel, zum Beispiel eine Pflanztasche mit Wasserabzugslöchern.

Bekömmlicher Magenkräutertee

Mischen Sie frische oder getrocknete Anteile von Kamillenblüten, Pfeffer-Minz-blättern zu gleichen Teilen und geben Sie sie in eine große Kanne. Fügen Sie noch einen Teelöffel Fenchelsamen hinzu und gießen Sie kochendes Wasser darüber. Lassen Sie den Tee 10 min ziehen und ein wenig abkühlen, bevor sie ihn in kleinen Schlucken genießen.

9 Frauenpower

Frauen haben genaue Vorstellungen davon, was ihnen gut tut: Kräuter, die der Seele schmeicheln, aber auch hormonelle Schwankungen ausgleichen und zyklusbedingte Schmerzen lindern. Ein Fall für Frauenmantel, Echten Schwarzkümmel, Eisenkraut, Wiesen-Schafgarbe und Beifuß.

Frauenmantel, Verbene und Schafgarbe und bringen den Hormonhaushalt in Einklang.

Ist es Zufall, dass viele hochwirksame Frauenkräuter so zart und zerbrechlich wirken? Das dünngliedrige **Eisenkraut** (*Verbena officinalis*), die duftigen **Frauenmantelblüten** (*Alchemilla vulgaris*), die zierliche **Wiesen-Schafgarbe** (*Achillea millefolium*) und der unscheinbare **Beifuß** (*Artemisia vulgaris*) scheinen sich nach dem Einpflanzen im Balkonkasten gegenseitig stützen zu wollen. Die Stauden müssen sich erst noch entwickeln – auch der filigrane einjährige **Echte Schwarzkümmel** (*Nigella sativa*), der aus Samen herangezogen wird. Aber der erste Eindruck täuscht: Frauenheilkräuter haben es in sich. Man sieht es ihnen nur nicht gleich an.

Die Wiesen-Schafgarbe wirkt krampflösend, wärmt von innen, reguliert den Blutfluss und senkt den Blutdruck. Außerdem enthält sie antibakterielle Wirkstoffe und reinigt das Blut. Geerntet werden Blütendolden und Blätter kurz bevor sich die Knospen öffnen. Sie werden schonend getrocknet und dann für Teemischungen verwendet. Wiesen-Schafgarbe, Beifuß, Schwarzkümmel und Eisenkraut mögen einen sonnigen Standort, normales, nährstoffreiches kalkhaltiges Substrat und teilen sich zusammen einen großen Kübel oder Balkonkasten.

Bunte Sorten von **Achillea millefolium** *sind zwar weniger heilkräftig, sorgen aber für mehr Farbe auf dem Balkon.*

Hormone im Einklang

Frauenmantel zieht mäßig feuchten, lehmigen Boden vor und steht lieber nicht in der prallen Sonne. Deshalb wird er in einen separaten Topf gepflanzt. Sein hoher Gerbsäureanteil mit der zusammenziehenden Wirkung bewährt sich bei der Regulierung von Blutungen. Blüten und Blätter werden zur Vollblüte geerntet und frisch verwendet oder getrocknet. Etwas früher erntereif ist der Beifuß – bereits mit der Knospenbildung. Seine Bitterstoffe regulieren Blutungen, lindern krampfartige Schmerzen und fördern die Wehen. Eisenkraut wirkt krampflösend, hormonell ausgleichend und regt den Milchfluss an und. Junge Blätter werden ab dem Frühjahr gepflückt, die Blüten im Sommer. Im Spätsommer sind die schwarzen Samen von *Nigella* reif. Sie werden als Speisewürze verwendet, regulieren den Hormonhaushalt und fördern sowohl die Milchbildung als auch die Menstruation.

 Frauenmanteltinktur

Gießen Sie auf 75 g frisches zerkleinertes Frauenmantelkraut in einer Karaffe etwa 500 ml 45%igen Alkohol. Verschließen Sie die Karaffe luftdicht und lassen Sie den Auszug etwa zehn Tage an einem dunklen Ort ziehen. Seihen Sie das Kraut anschließend ab und filtern Sie die Flüssigkeit durch einen feinen Teefilter. Füllen Sie die Tinktur in kleine dunkle Flaschen mit Pipette ab und nehmen Sie bei Beschwerden jeweils dreimal täglich 15 Tropfen ein (zum Beispiel mit einem Frauenmanteltee).

Hafer-Cookies

100 g Haferflocken zusammen mit 100 g gehackten Mandeln in einer Pfanne ohne Fett rösten. Parallel dazu in einer Schüssel 100 g weiche Butter mit 150 g Joghurt und 13 g getrockneten und zerriebenen Steviablättern verrühren. Die geriebene Schale einer halben Zitrone zugeben. 125 g Mehl vermischt mit einer halben Tüte Backpulver hineinrühren und zum Schluss die Hafer-Mandel-Röstmischung dazugeben. Alles gut vermengen und auf Muffinförmchen verteilen. Im vorgeheizten Ofen bei 180 °C Umluft 20 min backen.

⑩ Gesunde Süße

Natürlich würzen ohne Kalorien ist keine Zauberei. Kräuter wie Stevia sind bereits ein beliebter Zuckerersatz und richten die Aufmerksamkeit nun auf weitere Pflanzen mit einem hohen Anteil ähnlicher Inhaltsstoffe wie Aztekisches Süßkraut, Süßdolde und Chinesisches Süßblatt.

Ohne Reue Kuchen und Desserts zu süßen, klingt wie ein Traum, ist aber mittlerweile dank Steviaprodukten ganz einfach. Auf dem Balkon ein ganzes Sortiment an süßenden Zutaten zur Hand zu haben, ist aber noch die Ausnahme. Dabei sind die exotischen Pflanzen ein echter Hingucker und sorgen als Rankpflanzen, wie das Aztekisches Süßkraut und das Chinesisches Süßblatt, in kurzer Zeit für dichte Begrünung. **Stevia** und Süßdolde dagegen bleiben durch regelmäßige Ernte schön buschig und kompakt. Alle vier Arten lassen sich nach Bedarf ernten – immer nur so viel, wie man gerade braucht.

Sugar go home

Steviablätter enthalten 300-mal so viel Süßkraft wie Zucker, sind aber viel gesünder, weil kalorienfrei und für Diabetiker geeignet. Sie lösen auch keine Karies aus. Das alles haben wir dem Steviolglycosid von *Stevia rebaudiana* zu verdanken. Vergleichbar süß schmecken auch die Blätter des **Chinesischen Süßblatts** (*Rubus suavissimus*). Das Brombeergewächs ist in seiner chinesischen Heimat unter dem Namen Tian Cha bereits als Gesundheitstee gebräuchlich und findet auch in unseren Breiten immer mehr Anhänger. Anders als Stevia ist es frosthart und kann im Freien überwintern.

Es geht auch ohne Zucker: Süßblatt, Süßkraut und Stevie sind der lebende Beweis.

Effektiv und gesund

Eine Besonderheit für den Balkon ist das **Aztekische Süßkraut** (*Lippia dulcis*) aus Mittelamerika, das lange Ranken bildet und sich gut als Ampelpflanze eignet. Die Blüten des Eisenkrautgewächses verströmen einen süßen Honigduft und die ganze Pflanze enthält natürliche Süßstoffe, die sich zum Süßen von Tee, Kuchen und Nachspeisen eignen. So wie Stevia verbringt das Aztekische Süßkraut den Winter über an einem hellen Fensterbrett im Haus. Sie können ihre langen Triebe dafür vorher auf ein praktikables Maß zurechtstutzen. Die **Süßdolde** (*Myrrhis odorata*) bevorzugt einen halbschattigen Platz. Sie ist wie das Chinesische Süßblatt winterhart und kann auch bei Frost draußen bleiben. Das Doldengewächs hat aromatische Blätter, die süßlich schmecken und jung geerntet werden sowie Samen mit süßem Anisaroma.

(11) Haut und Haar

Wer allen Widrigkeiten trotzen möchte, braucht ein dickes Fell. Aber unsere Haut ist sehr sensibel und reagiert schnell gereizt – auf äußere Einflüsse genauso wie auf innere Störungen. Gut, wenn man sie dann mit Rosmarin, Ringelblume, Arnika, Nachtkerze und Zistrose besänftigen kann.

Egal, ob die Haut verletzt, gerötet, durch Keime infiziert oder durch hormonelle Einflüsse verändert ist – für alle Fälle gibt es heilsame Pflanzenwirkstoffe, die von außen und innen Gutes tun. Was für die Haut gilt, betrifft auch die Haare, denn sie beziehen ihre Nahrung ja aus den verschiedenen Schichten der Haut. Viele pflanzliche Mittel, die der Hautpflege dienen, eignen sich deshalb auch für die Haare, nur in anderer Konsistenz.

Schönheit von innen und außen

Während **Arnika** (*Arnica montana*) sich bei Insektenstichen und Hautentzündungen aller Art bewährt und Bakterien abtötet, kommt die **Nachtkerze** (*Oenothera biennis*) bei Neurodermitis und Schuppenflechte zum Einsatz. Ihr ätherisches Öl eignet sich auch zum Einmassieren auf brüchigen Fingernägeln. Gegen Akne und Ekzeme helfen die ätherischen Öle der **Zistrose** (*Cistus incanus*) mit einem hohen Gehalt an Polyphenol. Auch ein Extrakt der **Ringelblume** (*Calendula officinalis*) hilft bei kleineren Wunden, Verbrennungen und Sonnenbrand. Das ätherische Öl des **Rosmarin** (*Rosmarinus officinalis*) kräftigt die Kopfhaut, fördert den Haarwuchs und wirkt gegen Schuppen. Bei den Augenbrauen hilft es, wenn die Haarwurzeln durch häufiges Zupfen geschwächt sind. Durch regelmäßiges Einreiben mit Rosmarinöl werden sie wieder dichter und erhalten ihren natürlichen Schwung zurück.

Haarkur mit Rosmarinöl

Von zehn Rosmarinzweigen die Nadeln abtrennen und kleinschneiden. Die Stücke dann in ein kleines Gefäß geben und mit hochwertigem Olivenöl auffüllen. Luftdicht verschließen und den Auszug etwa vier Wochen an einem dunklen Platz ziehen lassen. Vor der Anwendung das Öl durch einen Teefilter seihen. Je nach Haarlänge etwa einen oder zwei Esslöffel voll davon in die Kopfhaut einmassieren, unter einem Handtuch etwa eine ½ h einwirken lassen und gründlich ausspülen.

Kräuter, die gerne Sonne tanken

Die Gewächse für dieses Pflanzrezept sind alle auf Sonne eingestellt. Zistrose und Rosmarin mögen es von Natur aus warm und trocken und gedeihen am besten in durchlässiger, mineralischer Erde. Der Anteil ihrer ätherischen Öle ist kurz vor der Vollblüte am höchsten. Die Ringelblume schätzt nährstoffreichen, warmen Boden und wächst gut in Kübelpflanzenerde während Arnika saures Substrat bevorzugt. Am besten mischt man dazu etwas Rhododendronerde unter die Kräutererde. Beide werden in voller Blüte gepflückt. Die Nachtkerze wächst auf trockenen, nährstoffreichen Böden und bildet jeden Tag neue Blüten. Ihre Samen werden gepflückt, wenn sie reif sind.

Rund um den Rosmarin gruppieren sich oben Arnika, unten Ringelblume und Nachtkerze.

12 Grüne Smoothies

Mit einer Powermixtur aus grünen Kräutern kommt man zwischendurch schnell wieder auf Touren. Ein Turbodrink aus Brunnenkresse, Brahmi, Jiaogulan und Gotu Kola weckt die Lebensgeister und spendet im Handumdrehen neue Energie.

Jiaogulan, das Kraut der Unsterblichkeit, ist eines der grünen Kraftspender.

Oft bleibt wenig Zeit für Pausen in unserer schnelllebigen Zeit. Coffee to go und Snacks im Stehen werden immer mehr zur Gewohnheit – wohlwissend, dass dies nicht gesund sein kann. Aber wo schon Zeit und Muße fehlen, muss nicht auch noch die Ernährung leiden. Mit einem Kräuterdrink lassen sich auch in kurzer Zeit die Energiespeicher wieder auffüllen. Grüne Smoothies stammen wie so viele Trends aus Amerika – und tun richtig gut.

Sonne trinken

Smoothies bestehen aus püriertem Pflanzensaft und Wasser. Wichtig ist der Anteil an Blattgrün, denn dies ist ein effizienter Energieträger. Energie, die die Pflanze aus dem Sonnenlicht gewinnt. Außer vitaminreichem Obst und Wasser kommen nur grünblättrige Bestandteile von Pflanzen in den Smoothie, denn sie enthalten den höchsten Anteil von Mineralien, Proteinen, Vitaminen und sekundären Pflanzenstoffen. Ein echter Powercocktail für unterwegs, dessen wertvolle Bestandteile vom Körper direkt verwertet werden können.

Voller Vitalstoffe

Als Anti-Aging-Kräuter sind **Brahmi** (*Bacopa monnieri*), **Gotu Kola** (*Centella asiatica*), **Jiaogulan** (*Gymnostemma pentaphyllum*) und **Brunnenkresse** (*Nasturtium officinale*) für Smoothies geradezu prädestiniert. Neben viel Blattgrün haben sie auch einen hohen Anteil an Antioxidantien und stoffwechselfördernden Eigenschaften zu bieten. Brahmi enthält als sukkulente Pflanze sehr wasserhaltiges Blattgewebe, ebenso wie die Sumpfgewächse Brunnenkresse und Gotu Kola, was sich beim Mixen als Vorteil erweist. Faserarme Pflanzen sind für Smoothies grundsätzlich besser geeignet – noch ein Pluspunkt für die hier zusammengestellten Kräuter.

Der Anbau ist zwar zusammen an einem sonnigen Platz auf dem Balkon möglich. Die Wasserpflanzen und Jiaogulan benötigen aber getrennte Pflanzbereiche. Die Kletterpflanze beansprucht trockenere Erde und eventuell auch ein Rankgerüst, die Sumpfpflanzen viel Wasser. Die Kultur in Bridgetöpfen ist nur vorübergehend möglich, aber sehr originell. Durch die getrennten Pflanzkammern kann Jiaogulan in einer Kammer wie eine Ampelpflanze über der Balkonbrüstung hängen, während die Sumpfkräuter in der Kammer gegenüber durch einen Bodenstöpsel staunass gehalten werden.

 Grüner Kräuter-Smoothie

Eine Handvoll gemischte Blattkräuter in ein hohes Gefäß geben, einen halben Kopfsalat kleinschneiden und ebenfalls dazugeben. Die Stücke einer Mango und einer Banane sowie den Saft einer Limette hinzufügen sowie etwa 200 ml Wasser. Alles zusammen mit einem Stabmixer pürieren und sofort trinken.

Die Heilpflanzen im Porträt

Alle Pflanzen, die in den Pflanzrezepten verwendet wurden, finden Sie hier noch einmal ausführlich erklärt. Ihre botanische Einordnung, ihre Standortansprüche und ihre Wirkstoffe sind wichtig, um richtig mit ihnen umzugehen.

Echte Aloe

Aloe vera

Standort: *sonnig und warm, trocken, geschützt; Substrat durchlässig mit hohem Sandanteil; über Winter im Haus*
Lebensweise: *mehrjährige sukkulente Staude*
Ernte: *jeweils untere Blätter nach Bedarf*

Mit ihrem bizarren Wuchs und den fleischigen, bestachelten Blättern ist Aloe an sich schon ein Wunderwerk. Aber dass in ihr darüber hinaus viele heilende Kräfte stecken, macht sie als Pflanze noch bemerkenswerter. Aloengewächse sind Sukkulenten: Sie speichern Wasser und Nährstoffe in ihrem Pflanzengewebe. *Aloe vera* wächst als Staude, die am Boden eine dichte Rosette aus schmalen, etwa 50 cm langen spitz zulaufenden Blättern bildet. Diese weisen an den Seiten jeweils eine Reihe spitzer Stacheln auf, die Fraßfeinde abschrecken sollen. Ältere Pflanzen bilden einmal im Frühsommer einen hoch aufragenden Blütenstand mit einer Traube aus

Kühlendes Gel

Dünn aufgetragen wirkt das aus den Blättern gewonnene Gel wohltuend kühl bei harmlosen Verbrennungen, nach einem zu langen Sonnenbad, bei Schnittwunden oder Hautreizungen – die perfekte Erste Hilfe bei kleineren Hautverletzungen. Keine Sorge: Älteren Pflanzen schadet das gelegentliche Abtrennen einzelner älterer Blätter nicht. Aus der Mitte wachsen ohnehin pro Jahr immer mehrere neue nach. Und wer nicht alles auf einmal verbraucht: Im Kühlschrank bleiben abgetrennte Blätter in einer Frischhaltefolie noch etwa zwei Wochen frisch.

vielen kleinen gelben Einzelblüten. Da Aloe allenfalls geringe Minusgrade verträgt, wird sie hierzulande in einem etwa 15–20 cm breiten Topf separat kultiviert und überwintert im Haus an einem hellen Platz.

Wertvolles Gel

In ihrer Heimat, den Trockengebieten Afrikas, wird das imposante Gewächs bereits seit Tausenden von Jahren als lebende Apotheke genutzt – dem darin enthaltenen Zuckermolekül Acemannan wird eine antibakterielle und das Immunsystem stärkende Wirkung zugeschrieben. Bis zur Pubertät wird dieses Polysaccharid auch vom menschlichen Körper gebildet, nur später leider nicht mehr. Schneidet man eines der Blätter an der Basis ab, tropft das Gel durch den hohen Saftdruck meist schon von selbst heraus und kann ohne weitere Verarbeitung verwendet werden.

Von den weiteren bioaktiven Wirkstoffen ist in erster Linie das Aloin erwähnenswert, das bitter schmeckt und eine stark reizende Wirkung auf das Verdauungssystem mit abführender Wirkung hat. Von diesem Inhaltsstoff leitet sich auch der Pflanzenname ab, denn „alloeh" ist die arabische Bezeichnung für bitter. Aloin ist Bestandteil einer harzigen gelben Flüssigkeit, die sich

ebenfalls in einer Faserschicht der Blätter befindet, direkt unter der obersten Blattschicht, und die sich beim Absondern des Gels nicht mit diesem vermischen sollte. Zwar wird Aloin ebenfalls für pharmazeutische Zwecke gewonnen, beispielsweise von der Curaçao-Aloe, es sollte aber nicht ohne ärztliche Betreuung eingenommen werden. Bei falscher Dosierung oder zu langer Anwendung können Langzeitschäden auftreten.

Aloinfreie Sorten

Schwangeren ist wegen der Gefahr von Fehlgeburten grundsätzlich von aloinhaltigen Produkten abzuraten. Um das Gel der Blätter für den Hausgebrauch bedenkenlos nutzbar zu machen, sind inzwischen aloinfreie Aloe-Sorten unter der Bezeichnung 'Sweet' im Handel. Sie eignen sich auch zum Einnehmen, zum Beispiel indem man das aus dem Blatt gewonnene Gel unter Joghurt oder in Erfrischungsgetränke mischt.

Anis-Ysop

Agastache foeniculum

Standort: *sonnig bis halbschattig, trocken; durchlässige, humose Kräutererde und eine Dränage aus Blähton*
Lebensweise: *mehrjährige Staude*
Ernte: *Blüten in der Vollblüte, Blätter nach Bedarf im Sommer*

Die Limonen-Duftnesse (A. mexicana) sorgt für Zitronengeschmack mit Anisnote in der Teetasse.

Die auch als Duftnessel bekannte Staude trägt ihren Namen völlig zu Recht. Sie verströmt ein markantes Aroma, das an Lakritz erinnert und irgendwo zwischen dem Geruch von Anis und Fenchel einzuordnen ist. Erstaunlich eigentlich, denn mit diesen Doldenblütlern ist der Anis-Ysop noch nicht mal entfernt verwandt. Blütenstände und Wuchsform haben mehr Ähnlichkeit mit dem Ziest oder der Melisse. In dichten Ähren am Ende eines in der Topfkultur etwa 40–50 cm aufragenden Blütenstängels öffnen sich im Hochsommer die hellvioletten Lippenblüten und locken als Nektarpflanze viele Bienen an. Die kleinen schmal-eiförmigen Blättchen sind über den Stängel verteilt und ebenso aromatisch wie die Blüten. Anis-Ysop ist sehr pflegeleicht. Über Winter kann er im Freien bleiben, auch wenn er nicht ganz frosthart ist und der Wurzelbereich mit einer Abdeckung geschützt werden sollte. Bleiben die Blütenstängel stehen, keimen herausgefallene Samen im Frühjahr leicht und bilden neue Pflanzen – aber auch Stecklingsvermehrung ist möglich.

Gut gegen Husten

Anis-Ysop stammt aus Nordamerika und wurde dort bereits von den Indianern als Hustenmittel geschätzt. Die schleimlösenden Wirkstoffe der ätherischen Öle befreien die Bronchien und wirken schweißtreibend. Aus den Blättern lässt sich ein wohlschmeckender Tee mit leicht süßlicher Note zubereiten, die Blüten zieren Salate und Suppen. Als leichtes Süßungsmittel eignet sich Anis-Ysop im Übrigen auch für Desserts. Wegen des fenchelartigen Aromas passt das Gewürz auch sehr gut zu Fischgerichten. In erster Linie aber sind es die heilsamen Wirkstoffe, die den Anis-Ysop so wertvoll machen. Neben der schleimlösenden Wirkung bei hartnäckigem Husten fördern die Inhaltsstoffe die Verdauung und sind krampflösend, beispielsweise bei Menstruationsbeschwerden und Magenbeschwerden.

Die Blüten werden erst geerntet, wenn sie voll geöffnet sind. Der Aufguss mit heißem Wasser färbt sich dann hellblau. Die Blätter können den ganzen Sommer über gezupft werden. Besser ist es, ganze Triebe an der Basis abzuschneiden und die Blätter erst dann abzustreifen. Dann treibt die Pflanze an der Schnittstelle aus und die Pflanze wird nicht geschwächt, sondern der Wuchs im Gegenteil durch den Schnitt angeregt.

Gewappnet für die Erkältungszeit

Wer auf das Aussamen keinen Wert legt, kann im Spätsommer alle Triebe ernten und die Ysop-Blätter durch Trocknen konservieren. Auf diese Weise behalten sie ihr Aroma über Winter und sind noch verfügbar, wenn die Hustensaison beginnt. Außerdem eignen sie sich auch zum Aromatisieren von Essig und Speiseöl oder um zum Beispiel den Zucker mit ein wenig Anisaroma zu versetzen.

Kahle Apfelbeere

Aronia melanocarpa

Standort: *kalkarme Lehm- oder Sandböden; trocken*
Lebensweise: *Strauch*
Ernte: *Beeren ab Spätsommer*

Ein altes Sprichwort rät, einmal im Leben einen Baum zu pflanzen. Viele wählen einen Apfelbaum – den Baum der Versuchung, aber auch der gesunden Früchte. Auf dem Balkon genügt auch eine Apfelbeere. Sie steht dem Apfel in punkto Gesundheit und Vitalität in nichts nach, ihre Früchte sind im Aufbau sogar sehr ähnlich. Kein Wunder, es handelt sich bei beiden um Rosengewächse. Botanisch gesehen sind es also keine Beeren, sondern Kernfrüchte. Sie sind nur viel kleiner und schmecken roh wesentlich herber. Aroniafrüchte sind etwa so groß wie Heidelbeeren, reifen in zahlreichen Dolden an einem etwa 2 m hohen Strauch und benötigen dafür einen sonnigen Platz. Im Spätsommer oder Früh-herbst, sobald sie ihre typische tief-rote Farbe erreicht haben, werden sie gepflückt und verfeinern dann roh beispielsweise Joghurtspeisen, Muffins oder Desserts.

Außerdem lassen sie sich unkompliziert und schnell zu Gelee, Marme-lade, Saft und frischen Smoothies verarbeiten. Überzählige Früchte können Sie einfrieren. Der intensive rote Farbstoff der *Aronia* eignet sich auch hervorragend zum Färben von Bonbons, Glasuren, Desserts und textilen Fasern. Im Topf bleibt der Strauch etwas kleiner und ist des-halb gut geeignet für die Kultur auf dem Balkon und der Terrasse.

Anti-Aging-Frucht

Die Apfelbeere stammt ursprünglich aus dem östlichen Nordamerika und wurde bereits Anfang des 20. Jahr-hunderts von einem russischen Bo-taniker nach Russland exportiert. In Deutschland ist die „Gesundheits-beere" erst vor wenigen Jahren im Zuge von Anti-Aging-Kampagnen richtig ins Bewusstsein der Verbrau-cher gerückt. Ihr hoher Gehalt an unter anderem Antioxidantien, Vita-min C und E sowie essenziellen

Mineralstoffen wie Eisen, Zink, Kal-zium, Kalium und Jod macht *Aronia* zu einer echten Powerfrucht, die den Stoffwechsel reguliert, das Herz-Kreislauf-System und das Immun-system stärkt und sich als „Venen-putzer" gegen Arterienverkalkungen und hohen Cholesterinspiegel be-währt. Der hohe Anteil an Flavonoi-den erweist sich als günstig gegen Entzündungen und unterstützt die Selbstheilungskräfte des Körpers.

Die Apfelbeere hat eine ausge-sprochen schöne Herbstfärbung.

Veganer Aronia-Smoothie

Mischen Sie eine Handvoll frische Aroniabeeren mit einer kleingeschnittenen hal-ben Banane in einem hohen Gefäß, füllen Sie etwa 200 ml Kokosmilch dazu und pürieren Sie alles zusammen gründlich mit einem Stabmixer. Die Menge reicht für ein großes Glas. Trinken Sie den Smoothie am besten sofort, dann ist der An-teil an frischen Vitaminen am höchsten.

Echte Arnika

Arnica montana

Standort: *sonnig; kalkarme Lehm- oder Sandböden; mäßig feucht*
Lebensweise: *Staude*
Ernte: *Blüten im Frühsommer zur Vollblütezeit*

Die Wiesen-Arnika (A. chamissonis) ist nicht ganz so heilkräftig wie ihre europäische Schwester.

Wohlverleih sagt eigentlich alles. Das ist der andere gebräuchliche Name der Arnika – einer heimischen Gebirgspflanze, deren Blüten über besonders heilende Kräfte verfügen. Jede Pflanze bildet jeweils nur eine einzelne dottergelbe Blüte auf einem etwa 40 cm hohen blattlosen Stängel über der Blattrosette der krautigen Staude. Die Echte Arnika kommt in der Natur nur selten auf kalkarmen, mageren Wiesen und Mooren in den Gebirgslagen Europas vor und ist streng geschützt. Dementsprechend schwierig ist es,

sie zu kultivieren. Am besten gelingt dies in Moorbeeterde. Für die Kultur sind Pflanzen am besten über spezielle Kräutergärtnereien zu beziehen. Die Aussaat gelingt nur mit frischen Samen aus dem Vorjahr, die auf einem Saatbett lediglich leicht angedrückt und nicht bedeckt werden. Auf Balkon und Terrasse wird Echte Arnika nur mit anderen Arten in einem Gefäß gedeihen, die ähnliche Ansprüche an den Boden stellen. Sonst ist es besser, sie separat in einen Topf in nährstoffarmes Substrat oder in sogenannte Bridgetöpfe für das Balkongeländer zu pflanzen, die zwei Pflanzkammern haben und mit jeweils unterschiedlich kalkhaltigen Erden befüllt werden können.

Gut bei kleinen Wunden
Wichtig ist auch, Arnika nur mit kalkarmem Wasser zu gießen – das Düngen ist entsprechend tabu. Der Aufwand lohnt sich, denn gegen stumpfe Verletzungen oder Entzündungen gibt es kaum ein anderes pflanzliches Mittel, das besser hilft als ein Auszug aus Arnikablüten. Der Flor erscheint im späten Frühjahr und wird am besten um die Mittagszeit gepflückt, wenn der Anteil ätherischer Öle besonders hoch ist. Aus den Blütenblättern wird dann eine Tinktur hergestellt, die nur äußerlich anzuwenden ist – beispielsweise bei

Verstauchungen, Prellungen, Ödemen, Insektenstichen oder Venenleiden. Für Mundspülungen empfehlen sich eine Gurgellösung und Dampfbäder aus einem Sud gegen unreine Haut. Arnika enthält unter anderem den entzündungshemmenden, aber auch allergieauslösenden Stoff Helenalin, der anaphylaktische Schockreaktionen bei Überempfindlichkeit gegen Korbblütler auslösen kann. Insofern kommen Arnika-Anwendungen für Korbblütenallergiker nicht infrage. Etwas einfacher zu kultivieren ist die Wiesen-Arnika oder Amerikanische Arnika (*Arnica chamissonis*), die aber weniger wirkungsvolle Eigenschaften aufweist als ihre europäische Schwester.

Umschlag aus Arnikablüten

Für den Sud übergießen Sie vier Esslöffel Arnikablüten mit 500 ml kochendem Wasser und lassen den Aufguss 10 min ziehen. Abgekühlt und durchgesiebt kann dieser dann unverdünnt für Umschläge verwendet werden. Zum Trinken eignen sich Auszüge aus Arnika nicht!

Indisches Basilikum

Ocimum tenuiflorum

Standort: *sonnig; lockere, frische Kräutererde; keine Staunässe*
Lebensweise: *Halbstrauch*
Ernte: *alle Pflanzenteile ganzjährig*

In Indien wird das auch als Tulsi bezeichnete Basilikum als heilige Pflanze verehrt, wohl wegen seiner heilkräftigen Inhaltsstoffe und seiner robusten, kaum für Krankheiten und Schädlinge anfälligen Statur. Bei Hochzeiten und religiösen Ritualen oder Räucherzeremonien kommt es in Asien regelmäßig als Glücksbringer zum Einsatz. Im Griechischen bedeutet *vasilikós* königlich und deshalb wird Basilikum auch als das Königskraut bezeichnet. In unseren Breiten wird der kälteempfindliche Halbstrauch (Mindesttemperatur 10 °C) meist nur einjährig kultiviert. Andernfalls benötigt er einen hellen, geschützten Platz zum Überwintern. Stängel und Blätter der etwa 50 cm hohen Pflanze sind flaumig behaart, die ganze Pflanze ist stark verzweigt und bildet an den Triebenden traubenartige Blütenstände mit kleinen purpurfarbenen Blüten. Verwendbar sind alle Pflanzenteile von der Wurzel bis zu den Samen für verschiedene Zwecke.

ist außerdem die stimulierende Wirkung auf den Stoffwechsel und der immunisierende Effekt, der vermutlich auf den hohen Anteil an Antioxidantien wie Flavonoiden und Polyphenolen zurückzuführen ist. Sie haben eine nachweisliche beruhigende Wirkung auf das Nervensystem, senken den Kortisolspiegel und ermöglichen dem Körper, besser mit Stresssituationen umzugehen. Die Konzentration ätherischer Öle wie Eugenol ist in Indischem Basilikum gegen Ende der Blütezeit besonders hoch. Eugenol, das entzündungshemmend wirkt und erfolgreich gegen Rheuma hilft, kommt in Tulsi

Das indische Tulsi überrascht durch exotisch duftende Blätter.

Beruhigender Tulsi-Tee

Pro Tasse übergießen Sie einen Teelöffel zerkleinerte Blätter des Indischen Basilikums (Tulsi) mit kochendem Wasser und lassen den Sud 10 min ziehen. Seihen Sie die Blätter ab und trinken Sie den Tee in kleinen Schlucken.

Für die Königsdisziplin

Am gebräuchlichsten ist die Zubereitung von Tee aus frisch gepflückten oder getrockneten Blättern mit einer antibakteriellen Wirkung bei Erkältungskrankheiten. Aber auch bei Ohreninfekten, Kopfschmerzen und Insektenstichen kommen Tulsi-Auszüge zum Einsatz. Bemerkenswert

in viel höheren Anteilen vor als in anderen Basilikumsorten. Und noch ein nützlicher Effekt ist zu verzeichnen: Die starken Aromen sind vermutlich auch der Grund, warum eine Basilikumpflanze vor Stechmücken schützt und bei der Mischkultur die Kohlfliegen vertreibt.

Gewöhnlicher Beifuß

Artemisia vulgaris

Standort: *sonnig; durchlässig, sandig-lehmig;*
gleichmäßig feucht
Lebensweise: *Staude*
Ernte: *Triebspitzen und junge Blätter zur Blütezeit*

Beifuß galt schon im Mittelalter als „Mutter aller Kräuter" und war fester Bestandteil der neun Räucherkräuter, mit denen in den Raunächten böse Geister vertrieben werden sollten. Bis in die heutige Zeit gilt es in verschiedenen Kulturen als Kraut mit magischer Wirkung, mag diese nun eher auf Aberglauben beruhen oder auf handfester Erfahrung. Eigentlich erstaunlich, dass ein unscheinbares Kraut mit so bitterem Geschmack eine solche Karriere macht. Wermutstropfen müssen also nicht immer negativ sein – im Gegenteil. Die viel gepriesenen Eigenschaften, beispielsweise zur Verdauungsförderung, sind wissenschaftlich belegt. In der TCM wird das Kraut zur Moxibustion verwendet und ist auch hierzulande ein beliebtes Räucherkraut.

Tinktur aus Beifuß

Geben Sie eine Handvoll Beifußblätter in ein Gefäß mit Schraubverschluss. Gießen Sie Weingeist aus der Apotheke oder 45%igen Alkohol darüber, bis die Blätter vollständig bedeckt sind. Lassen Sie das Glas an einem dunklen Platz etwa einen Monat lang stehen und nehmen Sie die Blätter dann heraus. Filtern Sie die Flüssigkeit in ein dunkles Glasgefäß, am besten mit Pipette, um. Von der fertigen Tinktur nehmen Sie 1- bis 2-mal täglich nach den Mahlzeiten 15–20 Tropfen ein.

Wohltat für den Magen

Andere deutsche Bezeichnungen für das herb-würzige Kraut sind Wermut oder Absinth – beide auch Namengeber für den beliebten Magenbitter. Seine Wirkung schrieb man dem ätherischen Öl Thunol zu, ein Bestandteil des Wermuts, der wegen seiner schweren Nebenwirkungen für das zentrale Nervensystem später verboten wurde und heute nicht mehr in wermuthaltigen Getränken enthalten ist. Fest steht, dass die enthaltenen Bitterstoffe der Blätter anregend auf die Verdauungssäfte wirken und somit bei allen Magen-, Gallen- oder Darmproblemen Abhilfe schaffen. In der Schwangerschaft und bei Magen- und Darmgeschwüren ist allerdings von einer Wermuttherapie abzuraten.

Es muss nicht immer Magenbitter sein, auch ein einfacher Tee aus wenigen Blättern wirkt wohltuend – den empfahl schon Pfarrer Kneipp. Hildegard von Bingen dagegen lobte den Beifuß als nervenstärkend und unterstützend bei seelischen Verstimmungen. Bei Alzheimerpatienten soll Beifuß das Nachlassen der Gedächtnisleistung verzögern.

Gutes Raumklima

Auch eine gewisse Wärmewirkung wird dem Beifuß nachgesagt, die insbesondere beim Massieren kalter Füße mit Wermutöl einsetzt. Aber daher stammt der Name Beifuß nicht. Er geht zurück auf die Legende, dass römische Soldaten Blätter davon in ihren Sandalen trugen, um besser „bei Fuß" zu sein. Nicht zuletzt reinigen ein paar Zweige die Raumluft und schrecken lästige Insekten ab. Insofern lohnt sich der

Anbau schon einer Pflanze des wüchsigen Krautes. Im Topf oder Balkonkasten wird sie nicht ganz so ausladend wachsen wie in freier Natur, aber das ist auch gut so, sonst wird sie schnell zur starken Konkurrenz für die anderen Pflanzen. Geben Sie der Pflanze einen sonnigen Platz und mischen Sie der Blumenerde etwas Sand bei. Regelmäßiges Gießen ist erforderlich, aber keine Düngung. Beifuß blüht nur sehr unscheinbar im Spätsommer und die Pflanze kann im Freien überwintern. Es genügen bereits wenige der fiederteiligen Blätter für effektive Anwendungen – beispielsweise für den oben beschriebenen Tee, aber auch als Tinktur.

Getrocknete Beifußblätter immer erst kurz vor dem Benutzen zerkleinern.

Im Garten dient
der Borretsch als
Bodenindikator.
Saure Erde färbt
seine Blüten rot.

Borretsch

Borago officinalis

Standort: *sonnig bis halbschattig; gleichmäßig feucht, sandig-lehmig*
Lebensweise: *einjähriges Kraut*
Ernte: *junge Blätter im Frühjahr, frische Blüten während der Blütezeit*

Das leuchtende Blau der kleinen sternförmigen Borretschblüten zieht nicht nur Bienen und Hummeln magisch an, es ziert auch jeden Kräuterkasten auf Balkon- und Terrasse und bietet sich als essbare Dekoration für frische Sommersalate an. Ein anderes markantes Merkmal von Borretsch sind seine rau behaarten Stängel und Blätter, die der Familie der Raublattgewächse den Namen geben. Die Blätter duften nach Gurken, womit sich

der Beiname Gurkenkraut erklären lässt. Ursprünglich stammt das Gewächs aus Kleinasien und dem Mittelmeergebiet und ist vermutlich später über mittelalterliche Handelswege nach Mitteleuropa eingewandert. In der Topfkultur benötigt die Pflanze an heißen Tagen viel Wasser, sonst ist das Gewächs pflegeleicht. Auf regelmäßige Düngung reagiert der Starkzehrer mit kräftigem Wuchs. Wer also nicht genug davon bekommen kann, sollte ihn regelmäßig mit Nährstoffen versorgen. Borretsch vermehrt sich leicht von selbst, wenn die Samen ausreifen können. Ansonsten sät man ihn im Frühjahr aus und sollte dann von jungen Pflanzen Blätter und Blüten ernten.

Gute-Laune-Kraut

Ein Tee daraus macht fröhlich, wirkt anregend auf die Psyche und galt schon in der Antike als Gute-Laune-Mittel. Junge Blätter können kleingeschnitten in den Salat oder Kräuterquark gegeben oder aufs Butterbrot gelegt werden, verziert mit blauen Blüten. Da hebt bereits der Anblick die Stimmung. Übrigens dienen die Blüten auch als Bodenindikator: Ist die Erde sauer, färben sich die Blüten wie beim Lackmuspapier rot.

Eine andere Anwendung von Borretsch beruht auf seiner schweißtreibenden Wirkung, die bei fiebrigen Erkältungskrankheiten hilft. Daraus leitet sich vermutlich auch der Name Borretsch ab. Das arabische Wort *buhuray* bedeutet so viel wie „Vater des Schweißes". Bemerkenswert ist auch der hohe Anteil an Omega-3- und Omega-6-Fettsäuren (Linol- und Linolensäure) in den Samen, aus denen ein hochwertiges Pflanzenöl hergestellt wird, das sich günstig auf Fettstoffhaushalt und Blutdruck auswirkt und gegen Entzündungen und Rheuma hilft.

Spritziger Sommerdrink: Pimm's

Die klassische englische Bowle kann wahlweise mit Pimm's No.1, dem legendären englischen Kräuterlikör auf Ginbasis, oder alkoholfrei zubereitet werden. Schneiden Sie dafür ein Viertel einer Salatgurke sowie je eine ungespritzte Zitrone und Orange in kleine Stücke, mischen Sie etwas Ingwer (etwa einen Esslöffel voll) sowie eine Handvoll Borretschblätter kleingeschnitten dazu, gießen Sie alles zusammen mit ½ l Zitronenlimonade und ½ l Ginger Ale in ein Bowlegefäß und lassen Sie das Ganze im Kühlschrank 1 h ziehen. Wer mag, gießt vorher noch zwei Schnapsgläser Pimm's No. 1 hinein. Vor dem Servieren mit Borretschblüten verzieren.

Brahmi

Bacopa monnieri

Standort: *sonnig bis halbschattig; warm, sehr feucht, staunass; Boden nährstoffreich und humos*
Lebensweise: *einjährig kultiviertes Kraut*
Ernte: *Blätter ganzjährig*

So unscheinbar das kriechende Pflänzchen ist, so viel Power steckt doch in ihm. Während Brahmi in der ayurvedischen Medizin als Anti-Aging-Kraut schon lange gebräuchlich ist, kennt das Sumpfgewächs hierzulande bisher kaum jemand. Die Pflanze stammt aus den tropischen und subtropischen Regionen Asiens und ist dementsprechend wärmeliebend und frostempfindlich. Eigentlich handelt es sich um eine mehrjährige Staude, die aber in unseren Breiten nur im Haus, zum Beispiel im Aquarium, überwintern kann. Die 1–2 cm langen dunkelgrünen Blättchen sind leicht verdickt,

der deutsche Name passt deshalb recht gut: Kleines Fettblatt. Im Sommer entwickeln sich kleine weiße Blüten, die angenehm duften. Kultiviert wird die Pflanze auf Balkon und Terrasse am besten in einem Pflanzgefäß mit Wasserabzugsloch, das in einer Schale mit Wasser steht. Füllen Sie die Unterschale regelmäßig mit kühlem, frischem Wasser auf.

Bitter, aber gesund

Der Verzehr von Blättern regt aufgrund der hohen Saponinanteile die Hirnfunktionen an und wirkt sich günstig auf die Gedächtnisleistung aus. Außerdem wird der auch als Wasser-Ysop bezeichneten Pflanze eine hohe antioxidative und entzündungshemmende Wirkung bescheinigt. Wegen des bitteren Geschmacks werden immer nur geringe Mengen geerntet, die roh beispielsweise als Salatzutat oder für einen Smoothie verwendet werden können. Brahmi lässt sich für Teezubereitungen auch in ganzen Stielen trocknen und später kleinschneiden oder zu Pulver zerreiben. Es sollte dann dunkel und trocken aufbewahrt werden. Da das Kraut in geringen Anteilen auch toxische Alkaloide enthält, sollte es nicht überdosiert und nur in Maßen verwendet werden.

Echte Brunnenkresse

Nasturtium officinale

Standort: *sonnig bis halbschattig; sehr feucht, staunass; Boden nährstoffreich und humos*
Lebensweise: *mehrjährige Staude*
Ernte: *Blätter zwischen Austrieb im Frühjahr und Blüte*

An sauberen Bächen kommt die Brunnenkresse noch häufig vor und bildet dann oft größere Bestände im flachen Wasser. Wie bei allen Wildpflanzen ist es aber aus Artenschutzgründen und wegen möglicher Verunreinigungen sicherer, sie nicht am natürlichen Standort zu ernten, sondern selbst zu kultivieren. In einem flachen Pflanzgefäß auf dem Balkon oder der Terrasse ist es problemlos möglich, Sumpfpflanzen wie die Brunnenkresse zu halten. Wichtig ist, dass der Topf oder die Schale ein Wasserabzugsloch hat und in eine hohe Schüssel mit Wasser gestellt wird, sodass das Wasser im Pflanztopf hoch genug angestaut wird. Im Gegensatz zu anderen Landpflanzen ist Staunässe hier ausdrücklich gewünscht. Wechseln Sie das Wasser jeden Tag aus, damit es immer kühl und frisch ist. In dieser Hinsicht ist die Brunnenkresse anspruchsvoll. Das Wasser kann aber ruhig etwas kalkhaltig sein. An einem sonnigen Platz wird die Brunnenkresse üppig wachsen und an den Schnittstellen neu austreiben. Regelmäßige Ernte fördert also zugleich einen buschigen Wuchs und hält die sonst bis zu 70 cm langen Triebe in Schach.

Scharfer Beigeschmack

Wie alle Kreuzblütler enthält die Brunnenkresse Senföle, die für den scharfen Geschmack ihrer gefiederten Blätter verantwortlich sind. Nach dem Neuaustrieb im Frühjahr und vor der Blüte ist die beste Erntezeit. Später ist der Geschmack zu bitter. Die zarten vitaminreichen Blättchen werden zum Beispiel in Salate geschnitten, für Smoothies püriert, aufs Brot gelegt und schmecken auch gut zu Fischgerichten. Durch den hohen Vitamingehalt (Vitamine A und C) eignet sich Brunnenkresse ideal für die Infektabwehr, außerdem wirkt sie entgiftend und ist deshalb ein tolles Mittel für Frühjahrskuren und um den Stoffwechsel anzukurbeln. Für die Kelten galt die Brunnenkresse als eines der vier heiligen Kräuter, neben Mädesüß, Mistel und Eisenkraut.

Echter Eibisch

Althaea officinalis

Standort: *sonnig; feucht; normale, gute Blumenerde*
Lebensweise: *Staude*
Ernte: *junge Blätter im Frühsommer und frische Blüten nach dem Aufblühen*

Eibisch, auch Stockmalve genannt, ist eine uralte Heilpflanze – die wohltuenden Eigenschaften waren bereits im Altertum bekannt. Aus den zuckerhaltigen Pfahlwurzeln mit dem hohen Anteil an reizlindernden Schleimstoffen werden heute Sirup oder Hustenpastillen hergestellt. Die Schleimstoffe – in etwas geringeren Anteilen auch in Blättern und Blüten enthalten – sind sehr wirkungsvoll bei Reizhusten und Halsschmerzen, denn sie legen sich wie ein Schutzfilm über die Schleimhäute, beruhigen sie und wirken entzündungshemmend. Gegen Harnwegsinfekte hilft ein kalter Teeauszug aus dem Wurzelextrakt. Es ist wichtig, diesen nicht hoch zu erhitzen, denn wenn Eibisch gekocht wird, verlieren die Schleimstoffe ihre Wirkung. Für den Auszug werden die Pflanzenteile über Nacht in kaltes Wasser eingelegt, nach dem Ziehen abgeseiht und der Sud zum Trinken auf Zimmertemperatur erwärmt.

Beruhigt die Haut

Aber es gibt auch andere Anwendungsmöglichkeiten. Aus den getrockneten und zerriebenen Blättern lässt sich beispielsweise mit Honig vermischt ein Brei herstellen, der nach Insektenstichen oder bei Geschwüren aufgetragen wird, den Juckreiz mindert und den Heilungsprozess fördert. Im Englischen heißt Eibisch Marshmallow und tatsächlich hat man die zuckerhaltigen Wurzeln und Stängel dort früher über dem Feuer erhitzt, bis der Zucker zu Sirup schmolz – dass daraus mal eine so beliebte Süßigkeit werden würde, hat wohl niemand gedacht.

Eibisch lässt sich gut in einem tiefen Kübel in hochwertiger Blumenerde ziehen, braucht aber gleichbleibend feuchte Erde. Im Beet wird er bis zu 2 m hoch, im Topf bleibt er aber meist kleiner. Die hübschen Blüten sind ebenso wie die dreilappigen Blätter über den Stängel verteilt und öffnen sich nach und nach im Sommer. Sie werden für Anwendungen dann einzeln gepflückt. Bei den Blättern ist der Gehalt an Schleimstoffen erst nach der Blütezeit am höchsten.

Echtes Eisenkraut

Verbena officinalis

Standort: *sonnig; feucht; tiefgründige, nährstoffreiche Blumenerde mit etwas Sandanteil*
Lebensweise: *Staude*
Ernte: *Blätter zwischen Frühling und Hochsommer, Blüten ab dem Hochsommer*

Verbenen sind markante Gewächse. Sie haben einen kantigen Stängel, an dem jeweils gegenüber schmal-eiförmige, gelappte Blätter sitzen, und einen sparrigen Wuchs, aber nur winzig kleine violette Blüten in langen, schmalen Ähren. Im Altertum wurden dem Eisenkraut magische Kräfte nachgesagt. Man nutzte es für kultische Rituale und trug Blätter und Blüten als Talisman bei sich. Die Druiden verwendeten Eisenkraut als eines der vier heiligen Kräuter neben Mistel, Mädesüß und Brunnenkresse (Seite 55). Im ausgehenden Mittelalter war zwar weitgehend Schluss mit dem Aberglauben, aber die Bedeutung für die Pflanzenheilkunde blieb bestehen. Ungeachtet ihres geringen Zierwerts wird Eisenkraut noch heute oft als Heilpflanze in Kräutergärten kultiviert.

Wertvolles Frauenkraut

Vom Körper verwertbares Eisen enthält die Pflanze allerdings nicht, wie der Name Glauben machen könnte. Dafür wird sie aber bei Frauenleiden wegen ihrer krampflösenden und zyklusregulierenden Wirkung eingesetzt. Auch auf die Milchbildung hat sie einen guten Einfluss und unterstützt hormonelle Schwankungen, beispielsweise in den Wechseljahren. In erster Linie kommt Eisenkraut immer dort zum Einsatz, wo eine blutverdünnende Wirkung erreicht werden soll – wie bei Migräne oder Arteriosklerose. Der Tee aus frischen oder getrockneten Pflanzenteilen wird nicht nur getrunken, sondern auch äußerlich als Wundkompresse genutzt. Alternativ lässt sich aus dem blühenden Kraut auch eine Tinktur herstellen, die eingenommen wird oder für Wundauflagen genutzt werden kann.

Gewöhnlicher Frauenmantel

Alchemilla vulgaris

Standort: *sonnig bis halbschattig; frisch-feuchte, lehmig-humose Blumenerde*
Lebensweise: *Staude*
Ernte: *Blätter und Blüten im Frühsommer*

Kann man Pflanzen zu Gold machen? Zumindest haben das findige Forscher im Mittelalter geglaubt und seitdem trägt der Frauenmantel auch den Namen Alchemistenkraut nach dem botanischen Gattungsnamen *Alchemilla*. Leider stellte sich später heraus, dass es sich bei den silbern glänzenden Tropfen im Zentrum der Blätter und an ihren gezähnten Rändern zwar um Absonderungen der Pflanze handelt, aber nicht um flüssiges Gold, sondern lediglich um Pflanzensaft, der bei Überdruck aus den Blattporen quillt und sich in der Vertiefung am Blattgrund sammelt. Zweifelsfrei ist dieser als Guttation bezeichnete physiologische Vorgang ein optisch reizvolles Phänomen, das diese Pflanze unverkennbar macht.

Klassiker bei Frauenleiden

Es hatte sein Gutes, dass sich Wissenschaftler so intensiv mit dem Frauenmantel beschäftigt haben. Denn auf diese Weise wurden andere wertvolle Inhaltsstoffe entdeckt, die ihn für die Heilkunde bedeutsam machen. Sowohl die rundlich-gelappten Blätter als auch die zarten, rispenartigen Blütenstände mit ihren kleinen gelben Einzelblüten enthalten entzündungshemmende und zusammenziehende (adstringierende) Gerbstoffe, die bei der Wundheilung und in der Frauenheilkunde von Vorteil sind. So wurde der Frauenmantel zum klassischen Mittel bei Menstruationsstörungen und in der Menopause. Die wellige Form seiner Blätter soll an den ausgebreiteten Mantel der Jungfrau Maria erinnern. Bei Magen-Darm-Beschwerden lindert ein Tee aus jungen getrockneten Blättern die Beschwerden und bei Entzündungen im Mundraum hilft eine Gurgellösung mit 20 Tropfen Frauenmanteltinktur. Bei Überempfindlichkeit gegen Gerbstoffe wird von der Verwendung von Frauenmantelkraut abgeraten, ebenso in der Schwangerschaft wegen der gebärmutterstimulierenden Wirkung.

Sitzbad aus Frauenmantelkraut

Bei prämenstruellem Syndrom tut ein Sitzbad aus getrockneten Frauenmantelblättern gut. Dazu werden am Vortag 20 g des getrockneten Krautes mit 5 l kaltem Wasser übergossen. Der Sud zieht über Nacht, wird dann aufgekocht und wieder auf Körpertemperatur abgekühlt. Die Blätter kurz vor dem Bad durch ein Sieb abseihen. Bei gereizter Haut ist ein Vollbad empfehlenswert, für das der Sud nach dem Abseihen unter das Badewasser gemischt wird.

Hübsch für Unterpflanzungen

Frauenmantel ist eine robuste Pflanze, die kräftige Rhizome bildet. Im Balkonkasten ist es deshalb hin und wieder nötig, die Seitentriebe zu kappen, damit er die anderen Gewächse nicht verdrängt. Eine im Frühjahr verabreichte organische Langzeitdüngung reicht die ganze Saison über. Da die Staude nur etwa 20–30 cm hoch wird, ist sie sehr gut als Randbepflanzung geeignet und wird dort ein wenig überhängende Triebe bilden. Nach einem Frühjahrsrückschnitt bildet der Echte Frauenmantel viele neue Blütenrispen, die den ganzen Sommer über halten. Blüten und Blätter werden am besten während der ersten Blüte im Frühjahr geerntet, im Ganzen getrocknet und dann zerrieben. In dieser Form eignen sie sich für Teeaufgüsse oder zur Herstellung von Tinkturen.

Die Inhaltsstoffe sind übrigens auch noch für einen anderen Effekt nutzbar: Frauenmantel eignet sich als Färbepflanze – ein Auszug aus seinen Blättern färbt Wolle je nach Intensität und Dauer des Farbbades gelb, grün oder braun.

Gewürzfenchel

Foeniculum vulgare

Standort: *sonnig; nährstoffreiche, kalkhaltig-lehmige, feuchte Erde*
Lebensweise: *ein-, zwei- und mehrjährig*
Ernte: *Samen im Spätsommer, junge Blätter im Frühsommer*

Mit seinem markanten süßlich-würzigen Aroma und den hübschen, wie gelbe Schirmchen über den filigran gefiederten Blättern schwebenden Blütenständen ist der Gewürzfenchel ein unverkennbarer Vertreter der Doldengewächse. Im Beet wird die stattliche Staude mit der rübenartigen Pfahlwurzel durchaus über 2 m hoch. In der Topfkultur bleibt sie kleiner, schon allein weil sich die Wurzel nicht so tief ausbreiten kann. An einem warmen, sonnigen Platz in nährstoffreichem Boden fühlt sich Gewürzfenchel aber in einem tiefen Pflanztopf auch auf dem Balkon wohl, wenn er ausreichend mit Wasser und regelmäßig mit einer Portion Dünger versorgt wird. Gut geeignet sind für größere Gewächse wie Gewürzfenchel Pflanzbehälter aus reißfestem Kunststoff mit verstärkten Nähten, Wasserabzugslöchern und Tragegriffen. Besonders praktisch ist, dass man deren Rand je nach Bedarf umschlagen und somit der Wuchshöhe der Pflanzen anpassen kann. Die Pflanzbehälter nehmen je nach Höhe bis zu 40 l Erde auf und bieten tiefwurzelnden Pflanzen ausreichend Platz. Bei Nichtgebrauch werden sie einfach platzsparend zusammengefaltet. In jedem Fall sollte Gewürzfenchel wegen seiner Größe separat von den übrigen Balkonpflanzen kultiviert werden. Er wächst ein- bzw. zwei- bis mehrjährig und lässt sich gut über Aussaat im Frühjahr (einjährige Sorten) oder Spätsommer (zweijährige Sorten) vermehren.

Sobald sich die Samen des Gewürzfenchels braun färben, können sie geerntet werden. Da die Samen nicht immer zeitgleich reifen, schneiden Sie jeweils nur die Blütendolden mit reifen Samen ab und streuen sie zum Portionieren auf eine Unterlage. Vorher ist das frische Kraut bereits nutzbar. Es verfeinert Suppen und Soßen, Fisch- und Gemüsegerichte und eignet sich auch als Salatbeigabe.

Beruhigende Wirkung

Fencheltee ist in erster Linie als magenberuhigend bekannt. Das Fenchelöl wirkt nicht nur beruhigend und entkrampfend, sondern auch schleimlösend und kommt deshalb als Hustenmittel zum Einsatz. Mit Honig versetzter Sirup oder Lutschbonbons mit Fenchelöl wirken reizmildernd bei Erkrankungen der Atemwege. Aus der Tinktur wird eine Gurgellösung hergestellt, die bei Zahnfleischentzündungen für Linderung sorgt. Die aromatischen Samen eignen sich als Bestandteil von Räuchermischungen, Seifen oder Raumdeos. Allergiker sollten wegen der Gefahr von Kreuzallergien im Kontakt mit Fenchel Vorsicht walten lassen.

Goji-Beere

Lycium barbarum

Standort: *sonnig bis halbschattig; sandige, basische, feuchte, durchlässige Böden*
Lebensweise: *mehrjährig*
Ernte: *Rote Beeren im Herbst*

Seit Zivilisationskrankheiten wie Erschöpfung, schlechter Schlaf, Nervosität und Stress zunehmen, wächst das Interesse an beerenstarken Helfern aus der Natur. Wertvolle sekundäre Pflanzenstoffe wie in der Goji-Beere schützen die Körperzellen vor freien Radikalen, die Zellschäden verursachen und das Altern beschleunigen. Wie alle Nachtschattengewächse enthalten auch Goji-Beeren einen hohen Anteil des Carotinoides Lycopin. Der Farbstoff, der als natürlicher Sonnenschutz für die Früchte wirkt, macht auch die Netzhaut des menschlichen Auges weniger empfindlich und kann Prostatakrebs vorbeugen.

Die Pflanze ist in allen gemäßigten und subtropischen Zonen der Erde verbreitet und im deutschsprachigen Raum unter dem Namen Gewöhnlicher Bocksdorn bekannt. Verwendet werden die Rinde und die getrockneten Beeren des etwa 2 m hohen frostharten Strauchs. Im Sommer bilden sich kleine lilafarbene trichterförmige Blüten an den belaubten Trieben. Im Herbst entwickeln sich daraus die etwa 2 cm langen roten Beeren. Eine Bestäubung ist nicht nötig, die Blüten sind selbstfruchtbar. Wichtig ist, dass die tiefwurzelnde Pflanze in einen ausreichend großen Kübel gepflanzt wird. Eine einmalige Langzeitdüngung im Frühjahr reicht dem anspruchslosen Gehölz pro Saison. Der Wasserbedarf ist ebenfalls gering.

Gotu Kola

Centella asiatica

Standort: *halbschattig; gleichbleibend feuchte, nährstoffreiche Erde*
Lebensweise: *mehrjährig*
Ernte: *Blätter ganzjährig*

Der deutsche Name Wassernabel ist eine passende Bezeichnung für die kriechende, polsterbildende Staude, die in Südostasien beheimatet ist und in der ayurvedischen Heilkunde einen Ruf als leistungssteigerndes Anti-Aging-Mittel hat. In unseren Breiten ist Gotu Kola nicht winterhart und sollte deshalb separat in einer flachen Schale gezogen werden, in der die Erde immer feucht gehalten wird. Den Winter über verbringt die Pflanze an einem hellen Platz im Haus. Die immergrüne Staude wurzelt an den Knoten ihrer kriechenden Triebe und bildet büschelweise rundliche Blätter mit gekerbtem Rand, deren kurzer Stiel direkt in der Blattmitte ansetzt. Sie lassen sich frisch als Salatbeigabe, als Wundauflage oder auch trocken verwenden und dann als Tee oder Tinktur zubereiten. Ihre Inhaltsstoffe stimulieren das Hautwachstum und unterstützen deshalb die Heilung von Brandwunden. Gotu Kola stärkt darüber hinaus das Immun- und Nervensystem, wirkt antibakteriell und positiv auf den Fettstoffwechsel. Das heißt, auch Blutdruck und Cholesterinspiegel profitieren von dem hohen Anteil an wertvollen Saponinen, beispielsweise Triterpen.

Gewöhnliche Hauswurz

Sempervivum tectorum

Standort: *sonnig; durchlässige, nährstoffarme, sandige-kiesige Böden*
Lebensweise: *mehrjährig*
Ernte: *Blätter vorzugsweise im Hochsommer*

Hauswurz ist auch mit einem kargen Kiesstreifen auf dem Balkon zufrieden.

Semper vivum heißt immer lebend – und der Name ist Programm. Sukkulenten wie die Hauswurz sind nahezu unverwüstlich und gedeihen selbst an Plätzen, an denen ihre Wurzeln kaum noch Halt und Nahrung finden. In ihren verdickten Blättern speichern sie Wasser und Nährstoffe und fahren ihren Stoffwechsel in Trockenzeiten auf ein Minimum herunter. Für Balkongärtner ist das besonders praktisch, denn das bedeutet, dass die Pflanze kaum Pflege beansprucht und in jeder Art von Gefäß gedeiht – vorausgesetzt es hat einen guten Wasserabzug und das Substrat ist mineralisch. Einmal im Leben blüht die Hauswurz, dann reckt sich ein etwa 20 cm hoher Blütenstand aus der Blattrosette empor. Anschließend stirbt die Pflanze ab. Aber das ist kein Problem, denn inzwischen haben sich mehrere Tochterrosetten daneben entwickelt. Zusammen bilden sie ein dichtes Polster. Zum Vermehren werden bewurzelte Ableger von der Mutterpflanze getrennt und separat eingepflanzt.

Schneller Wundverschluss

Karl der Große veranlasste in seiner Landgüterverordnung, Hauswurz als Glücksbringer aufs Dach eines jeden Hauses zu pflanzen – im Glauben, dass sie dort als Blitzableiter dient. Seitdem trägt *Sempervivum* noch den Artnamen *tectorum*, der sich von dem lateinischen Wort für Dach ableitet. Noch heute ist dieser alte Brauch zu beobachten, aber verlassen sollte man sich besser nicht darauf. Die Hauswurz hat dafür andere Qualitäten, die mindestens genauso gesund und nützlich sind.

Ihr gelartiger Pflanzensaft hat ähnlich wie der von Aloe (Seite 40) eine

Kühlende Salbe aus Hauswurzgel

Als vegane Salbengrundlage dienen 50 g hochwertiges Pflanzenöl, 50 g Pflanzenbutter und 10 g Kakaobutter. Pflanzenöl und Kakaobutter im heißen Wasserbad vermischen, bis die Kakaobutter sich auflöst. Dann den Topf vom Herd nehmen und die Pflanzenbutter in die flüssige Masse rühren, bis auch sie geschmolzen ist. Nun etwa fünf Hauswurzblätter dazugeben und durchziehen lassen, bis die Salbe abgekühlt ist. Zum Schluss die Blätter entfernen, die Salbe gut durchrühren, in dunkle Gläser mit Schraubverschluss abfüllen und am besten im Kühlschrank aufbewahren (haltbar etwa 3 Monate).

kühlende und beruhigende Wirkung bei Hautverletzungen wie Insektenstichen, Verbrennungen und Schürfwunden. Dazu wird einfach ein kleines Blättchen aus der Blattrosette gezupft, der Länge nach aufgeschnitten und auf die zu behandelnde Stelle gelegt. Zurückzuführen ist die Wirkung auf den hohen Anteil an Tannin und Schleimstoffen, die entzündungshemmend und beruhigend auf die Haut wirken. Die gelartige Masse eignet sich auch für Umschläge und zur Herstellung von Tinkturen, sodass das Mittel im Bedarfsfall immer parat ist. Pfarrer Kneipp schrieb der Hauswurz innerlich auch eine krampflösende und harntreibende Wirkung zu, warnte aber vor der Gefahr von Überdosierung, die zu Durchfall und Erbrechen führen kann. Mit äußerlicher Anwendung ist man dagegen auf der sicheren Seite. Bei Sonnenbrand verschafft ein Umschlag aus zu Brei zerstampften Hauswurzblättern Linderung und das Auflegen auf Warzen und Hühneraugen soll ebenfalls erfolgreich sein. Hauswurz ist zwar eine immergrüne Pflanze und auch im Winter verfügbar. Aber die Haupterntezeit für die Blätter ist der Hochsommer, wenn sie voll im Saft stehen. Eine Salbe aus dem Saft frischer Blätter ist etwa drei Monate haltbar.

Nicht zuletzt strahlt die Hauswurz auch eine beruhigende Wirkung aus. Gestresste Gemüter finden beim Anblick der hübschen ebenmäßigen Blattrosetten zu innerer Ruhe. Wer sich in die symmetrische Anordnung vertieft und die harmonische Farbgebung eine Weile auf sich wirken lässt, kann dies als kleines Wellnessprogramm am Rande verbuchen.

Jiaogulan

Gymnostemma pentaphyllum

Standort: *halbschattig bis schattig; Blumenerde mit etwas Sandanteil*
Lebensweise: *mehrjährig*
Ernte: *Blätter ganzjährig*

Unter allen Anti-Aging-Kräutern ist das „Kraut der Unsterblichkeit" besonders beliebt. Das liegt daran, dass die dekorative Kletterpflanze aus Südostasien auch in unseren Breiten leicht zu kultivieren ist und sie als vitalisierendes und verjüngendes Kraut gilt. Wesentlich stär-

ker noch als Ginseng soll Jiaogulan lebensverlängernd sein und sich positiv auf die Gedächtnisleistung auswirken. Schließlich werden überproportional viele Menschen in der chinesischen Provinz Guizhou über einhundert Jahre alt und dort gehört ein Tee aus Jiaogulanblättern zum täglichen Ritual.

Kraut des Lebens

Aus den handförmig gefiederten Blättern der schnell wachsenden Pflanze wird in China schon seit über 500 Jahren ein Tee zubereitet, der körpereigene Enzyme anregt und antioxidative Saponine und Glykoside enthält. Sie kurbeln den Stoffwechsel an, vermindern das Krebsrisiko und stärken das Herz-Kreislauf-System ebenso wie das Immunsystem. Jiaogulan senkt außerdem den Blutdruck und den schädlichen LDL-Cholesterinspiegel und wird als beruhigendes Nerventonikum eingesetzt. Mit diesen in jeder Hinsicht positiven Wirkstoffen ist der Name Kraut der Unsterblichkeit in jedem Fall gerechtfertigt. Noch sind nicht alle Anwendungsmöglichkeiten und Risiken erforscht. Schwangere sollten deshalb besser auf die Anwendung verzichten.

Das Kraut der Unsterblichkeit ist bis etwa -15 °C frosthart, wobei seine oberirdischen Triebe über Winter im Freien absterben. In Zimmerkultur bleibt das Gewächs ganzjährig grün. Im Frühjahr treibt die Pflanze im Freiland aus dem Wurzelstock in der Erde wieder aus. An den Knoten der Triebe entwickeln sich Ranken. Deshalb ist es wichtig, der Pflanze ein Klettergerüst zu bieten. Die Triebe wachsen etwa 2–3 m

hoch und bilden im Hochsommer kleine unscheinbare Blüten in einem traubenartigen Blütenstand. Die Pflanzen sind zweihäusig und benötigen eine Befruchterpflanze in der Nähe. Nur in dem Fall entwickeln sich kleine schwarze Beeren aus den Blüten. Vermehren lässt sich das Gewächs aber auch gut über Stecklinge.

Stärkender Tee aus Jiaogulan

Kräftig grüne, gesunde Blätter der Pflanze eignen sich für einen vitalisierenden Tee. Dazu wird eine Handvoll frischer Blätter grob zerrieben, zu einer kleinen Kugel geformt und getrocknet. Pro Tasse wird dann eine Kugel mit kochendem Wasser übergossen. Nachdem das Kraut 10 min gezogen hat, werden die Blätter entfernt und der Tee in kleinen Schlucken getrunken.

Wuchsstarker Schlinger

In der Wohnung oder auf einem kleinen Balkon bietet es sich an, Jiaogulan platzsparend als Ampelpflanze zu halten. Eine gute Versorgung mit Nährstoffen ist für das schnell wachsende Kraut obligatorisch. Am besten eignet sich ein schnell wirkender Flüssigdünger auf organischer Basis. Günstig ist ein halbschattiger Platz mit guter Wasserversorgung und hoher Luftfeuchtigkeit. Tägliches Besprühen hilft auch.

Von Jiaogulan lassen sich alle Pflanzenteile verwenden. Meist wird aus den getrockneten Blättern ein leicht süßlich schmeckender Tee zubereitet. Man kann frische Blätter aber auch kleingeschnitten in den Salat geben.

Jiaogulan kann auch als Zimmerpflanze kultiviert werden.

Gewöhnliches Johanniskraut

Hypericum perforatum

Standort: *sonnig; durchlässige, nährstoffarme, kalkhaltige Erde*
Lebensweise: *mehrjährig*
Ernte: *blühende Teile im Hochsommer*

Rund um den Johannistag am 24. Juni zeigen sich die Blüten des Johanniskrauts in ihrer vollen Pracht – einem sonnigen Gelb. An diesem Tag war es früher Brauch, religiöse Bildnisse mit blühenden Zweigen der Pflanze zu schmücken, um Unglück von Haus und Hof abzuwenden. Nicht nur der deutsche Name geht darauf zurück, auch die botanische Bezeichnung. Denn *hypericum* bedeutet im Griechischen „über dem Gottesbild". Dass dem Johanniskraut überirdische Kräfte nachgesagt wurden, stützt sich auf überlieferte Legenden. In ihrem roten Pflanzensaft sahen Gottesgläubige das Blut Christi und die im Licht der Sonne wie perforiert wirkenden Blätter sollen angeblich vor Wut vom Teufel durchlöchert worden sein. Später wurden für beide Phänomene wissenschaftliche Erklärungen gefunden, sodass die Pflanze ihr magisches Stigma ablegen und zeigen konnte, welches Potenzial wirklich in ihr steckt.

Wertvolle Pigmente

Das Gewöhnliche Johanniskraut ist eine etwa 90 cm hohe, unten leicht verholzende Staude. Sie verzweigt sich im oberen Bereich und bildet am Ende des aufrechten zweikantigen Stängels fünfzählige gelbe Blüten in einem schirmartigen Blütenstand. In den Blüten sind Harze eingelagert, die als kleine dunkle Punkte auf den Kronblättern erscheinen. Daher hat das Johanniskraut auch den Namen Tüpfel-Hartheu. Über den ganzen Stängel ist es außerdem mit kleinen elliptischen Blättchen besetzt, die zahlreiche Öldrüsen aufweisen und deshalb ebenfalls wie punktiert wirken.

Hebt die Stimmung

Alle Pflanzenteile enthalten während der Blütezeit einen roten Farbstoff, das Hypericin, ein lichtempfindliches rotes Pigment. Es eignet sich nicht nur zum Färben von Wolle und Pflanzenfasern, sondern enthält außerdem stimmungsaufhellende Wirkstoffe. Diese sind – ebenso wie weitere in der Pflanze enthaltene Inhaltsstoffe – in der Lage, bestimmte Botenstoffe im vegetativen Nervensystem zu beeinflussen. Aufgrund dieser Eigenschaft ist das Johanniskraut eines der effektivsten pflanzlichen Mittel gegen Depressionen. Seine Auszüge sind in vielen pharmazeutischen Präparaten enthalten, die der Nervenstärkung und Beruhigung dienen. Ätherische Öle und Flavonoide wirken darüber hinaus entzündungshemmend. Gerbstoffe mit zusammenziehender (adstringierender) Wirkung beschleunigen die Wundheilung und wirken antiviral.

Gut zur Haut

Auch als Hautpflegemittel kommt Johanniskrautöl zum Einsatz, beispielsweise bei Ekzemen und trockener, schuppender Haut. Egal ob innerlich oder äußerlich angewendet – eine Eigenschaft hat die Anwendung von Johanniskrautauszügen immer: Haut und Netzhaut werden dadurch sehr lichtempfindlich. Direkte Sonne sollte man dann meiden. Aufgrund möglicher Nebenwirkungen wird Schwangeren von der Einnahme von Johanniskrautprodukten abgeraten und unter anderem auch in Verbindung mit Blutgerinnungsmitteln und Proteasehemmern wird vor der Anwendung ärztliche Abklärung empfohlen.

In geringen Mengen ist es aber möglich, frische oder getrocknete Teile des Johanniskrautes selbst zu nutzen – zum Beispiel die süßlich schmeckenden Blüten als Salatbeigabe oder einen Beruhigungstee, eine Tinktur oder eine Salbe aus den zerriebenen Blättern. Dazu werden die blühenden Teile der Pflanze zur Hauptblütezeit Ende Juni geerntet. Regelmäßig in geringen Dosen eingenommen dauert es allerdings ein paar Wochen, bis die stimmungsaufhellende Wirkung einsetzt.

Für die Kultur ist zu beachten, dass das Johanniskraut einen sonnigen Standort schätzt und einen durchlässigen, eher trockenen, basischen Boden. Reichern Sie die Pflanzerde im Blumenkasten mit ein wenig Sand an und düngen Sie phosphorbetont, um die Blütenbildung zu fördern.

Echte Kamille

Matricaria recutita

Standort: *sonnig; leicht feuchte, neutrale Böden*
Lebensweise: *einjährig*
Ernte: *Blüten im Frühsommer*

Anspruchslos und pflegeleicht

Die Kamille ist die Heilpflanze schlechthin. Ob bei Magenproblemen, Entzündungen, Schmerzen jeder Art, Menstruationsbeschwerden oder Hautreizungen – ihre beruhigenden Inhaltsstoffe helfen schnell und zuverlässig. Die Kamille entwickelt sich an einem sonnigen Platz und in lehmig-humosem Boden prächtig. Sie ist in Bezug auf Wasser und Nährstoffversorgung sehr anspruchslos. Die etwa 30–50 cm hohe Pflanze hat einen buschigen Wuchs mit mehrfach gefiederten Blättern und entwickelt im Sommer endständige Korbblüten mit gelbem Blütenboden und einem einfachen Kranz aus weißen Zungenblüten. Das besondere Merkmal der Echten Kamille ist ihr hohler Blütenboden, der sich zur Reifezeit nach oben wölbt, wodurch die Zungenblüten nach unten neigen. Dies ist ein sicheres Kennzeichen gegenüber vielen anderen Kamillenarten, die ähnlich aussehen, aber nicht über dieselben wertvollen ätherischen Öle verfügen wie die Echte Kamille. Zwar wächst die Kamille nur einjährig, sie samt aber leicht aus und vermehrt sich dann quasi von selbst.

Universeller Helfer

An warmen Tagen verströmen die blühenden Pflanzen ihren typischen Duft – herb-würzig und süßlich zugleich. Verursacht wird er von ätherischen Ölen wie dem Matricin und sekundären Pflanzenstoffen wie dem Cumarin. Das Öl der Kamillenblüten ist krampflösend und keimtötend. Die entzündungshemmenden und reizmildernden Eigenschaften sind den enthaltenen Flavonoiden und Schleimstoffen zuzuschreiben. Außerdem enthält Kamille Gerbstoffe wie das Quercetin, die eine zusammenziehende Wirkung haben und beruhigende Botenstoffe wie das Apigenin, das im zentralen Nervensystem Angstzustände mildert. So kann ein mit Kamillenblüten gefülltes Kissen durchaus Schlafprobleme beheben.

Die Liste der Beschwerden, gegen die Kamille hilft, ist lang: In erster Linie sind Magenbeschwerden zu nennen, die durch Kamillentee gelindert werden. Bei Erkältungen oder Akne hilft ein Dampfbad aus Kamillenblüten. Sitzbäder mit Kamillenextrakten schaffen Abhilfe bei Menstruationsbeschwerden, Hauterkrankungen werden durch Umschläge aus Kamillentee gemildert, bei Entzündungen im Mundraum ist eine Gurgellösung das Mittel der Wahl, bei Zahnschmerzen lindert eine kühle Kompresse aus Kamillentee starke Schmerzen. Innerlich eingenommen sind Kamillenauszüge bei Blähungen, Verdauungsbeschwerden und Sodbrennen empfehlenswert.

Vorsicht bei Allergien

Wer gegen Korbblüten allergisch ist, sollte Kamillenauszüge meiden. Wer selbst Hausmittel aus Kamillenblüten herstellen möchte, sollte diese kurz nach dem Aufblühen in der Hauptblütezeit zwischen Mai und Juli sammeln. Warten Sie nicht zu lange mit der Anwendung und Verarbeitung des frischen Krauts. Die ätherischen Öle verflüchtigen sich schnell. Getrocknet in einer luftdichten Verpackung sind die Blüten aber lange haltbar.

Kalifornischer Kappenmohn

Eschscholzia californica

Standort: *sonnig; nährstoffreich, lehmig-durchlässige Erde*
Lebensweise: *einjährig*
Ernte: *Blüten und Blätter im Sommer*

Die hübsche einjährige Art stammt aus dem sonnigen Westen der USA und wird aufgrund ihrer strahlend gelben bis orangefarbenen Schalenblüten auch Goldmohn genannt.

Eine andere Bezeichnung ist Schlafmützchen und die spielt zum einen auf die Eignung der Pflanze als schlafförderndes Kraut an, zum anderen auf die kappenförmigen Kelchblätter, welche die noch geschlossene Blüte vor dem Aufblühen umschließen. Einmal angesiedelt, sät sich die Pflanze immer wieder selbst aus.

Die heilkräftigen Wirkstoffe des Kappenmohns sind hierzulande wenig bekannt. Milchsaft wie andere Mohngewächse weist er nicht auf.

Stattdessen führen seine Blätter eine wässrige Lösung, die Indianer seit Generationen als lokal betäubendes Mittel bei Zahnweh nutzen. Die narkotisierende Wirkung lähmt aber nicht das zentrale Nervensystem wie beispielsweise beim Schlaf-Mohn und es besteht auch keine Suchtgefahr. Ein weiterer Einsatzbereich ist die Anwendung bei Angstzuständen, nervöser Reizbarkeit und Unruhe. Gegen Schmerzen und Krämpfe hilft der Kappenmohn ebenfalls und ihm wird eine harn- und schweißtreibende Wirkung zugeschrieben.

Mittel gegen Läuse

Der Kappenmohn wird im Frühjahr an Ort und Stelle im Balkonkasten ausgesät und wächst dort an einem vollsonnigen Platz in 1:2 mit Sand vermischter Kräutererde. Die Pflanze wird etwa 30 cm hoch, verzweigt sich etwas im oberen Drittel und ist überwiegend im unteren Teil belaubt. Die Laubblätter sind fein zerschlitzt und graugrün gefärbt. Geerntet werden Blüten und Blätter vom Frühsommer bis zum Frühherbst während der Blütezeit. Das Erntegut wird zerteilt und aus den frischen Bestandteilen wird ein Kaltauszug gewonnen – entweder in Form von Tee oder als alkoholische Tinktur. Letztere wird übrigens auch zur Behandlung bei Kopfläusen empfohlen.

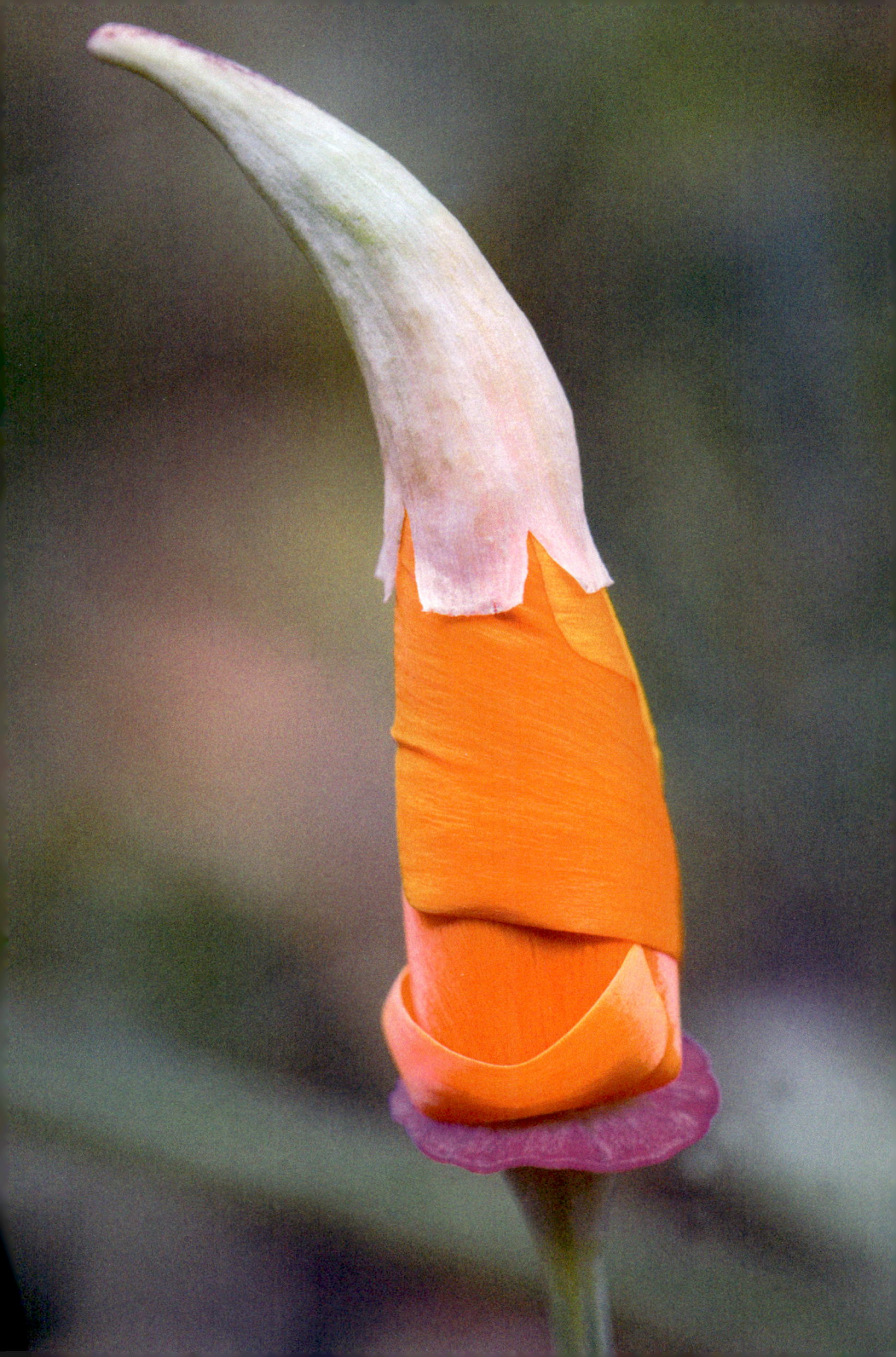

Echte Kapuzinerkresse

Tropaeolum majus

Standort: *sonnig; nährstoffreich, lehmig-durchlässige Erde*
Lebensweise: *einjährig*
Ernte: *den Sommer über junge Blätter und frische Blüten*

Ihre großen gespornten Blüten und die schildförmigen Blätter sind die markantesten äußeren Merkmale der Kapuzinerkresse. Die Rankpflanze stammt aus der Andenregion Südamerikas und fand im 16. Jahrhundert ihren Weg nach Europa. Lange Zeit wurde sie als Zierpflanze kultiviert, bevor man ihren Nutzwert erkannte. Den deutschen

Namen erhielt sie aufgrund der Ähnlichkeit ihrer Blütenform mit den Kutten der Kapuzinermönche. Die Kapuzinerkresse strebt mit langen, sich windenden Trieben voran und wirkt mit ihren leuchtend roten, gelben oder orangefarbenen Trichterblüten magisch anziehend auf bestäubende Insekten. Der botanische Name leitet sich vom griechischen *tropaion* ab – dem Wort für Trophäe. Es bezieht sich auf den gespornten Blütenhelm und das schildförmige Blatt, das ebenfalls bemerkenswert ist mit seiner runden Form, dem leicht welligen Rand und dem langen, dünnen, oft gewundenen Stiel. Dieser setzt von unten fast direkt in der Blattmitte an. Von dort führen die hervortretenden Blattadern radiär nach außen. In der leicht vertieften Blattmitte sammelt sich häufig Wasser zu einem großen Tropfen, das von der leicht wachsartigen Blattoberfläche abperlt. Dabei handelt es sich um eine pflanzenphysiologische Besonderheit, die Guttation, mit der beispielsweise auch der Frauenmantel (Seite 58) seinen Wasserhaushalt regelt. Mit dem Lotuseffekt, den die Wachsschicht bietet, vermindert die Kapuzinerkresse zugleich die Verdunstung.

Natürliche Abwehr

Schon wenn man nur kurz über die Blätter streicht, entfaltet sich ein typisches bitter-stechendes Aroma, das auf einen hohen Gehalt ätherischer Öle schließen lässt. Damit locken Kräuter nicht nur Bestäuber an, sie dienen auch der Abwehr zum Beispiel gegen saugende Insekten, die dem Pflanzengewebe schaden. Zudem helfen sie ihnen, Krankheiten zu überstehen. Die Kapuzinerkresse hat einen eigenen Abwehrstoff mit antibiotischer Wirkung entwickelt, ein Glykosid namens Benzylsenföl. Es hilft der Pflanze, Krankheitskeime abzuwehren, wirkt aber auch beim Menschen. Bereits die Indios haben damit infizierte Wunden behandelt. Aufgrund dieser Eigenschaft und ihrer Wirkung bei Blasenleiden, Erkältungen und Verdauungsstörungen wurde die Kapuzinerkresse 2013 in Deutschland zur Arzneipflanze des Jahres gekürt. Außerdem ist sie reich an blutreinigenden und die Abwehrkräfte stärkenden Schwefelverbindungen, die auch für den scharf-bitteren kresseartigen Geschmack verantwortlich sind. Außerdem enthält sie zahlreiche Vitamine und Kapernsäure. Ihre unreifen Samen lassen sich in Essig einlegen und dienen als Kapernersatz: Dazu die unreifen Früchte abpflücken, kurz mit heißem Wasser blanchieren und abtropfen lassen. Anschließend in Salz einlegen, über Nacht ziehen lassen, in kleine Marmeladengläser füllen und mit heißem Kräuteressig übergießen. Gut verschließen! Ihre dekorativen Blüten sind essbar und zieren zum Beispiel Salate und Süßspeisen.

Im Zaum halten

Die Kapuzinerkresse entwickelt schlingende Triebe, die 2–3 m lang werden. Sie sucht sich Halt, wo sie ihn finden kann, wächst auch kriechend am Boden, solange der Standort halbwegs sonnig, geschützt und trocken bleibt.

Für die Topfkultur sind kompaktere Sorten im Handel wie *Tropaeolum* 'Peach Melba' oder 'Empress of India'. Um mehr Kraft in die Blütenbildung statt in die Blattentwicklung zu stecken, sollte die Pflanze gelegentlich stickstoffarm gedüngt und mäßig feucht gehalten werden.

Wiesen-Kümmel

Carum carvi

Standort: *sonnig bis halbschattig; tiefgründig-humos, nährstoffreich, gleichmäßig feucht*
Lebensweise: *zweijährig*
Ernte: *reife Samen im Spätsommer, junge Blätter im Frühjahr*

Kein Kraut ohne Kümmel – das ist die Devise für alle Liebhaber der deftigen Küche. Denn die Samen der gern verwendeten Speisenwürze sind bekannt dafür, das Essen bekömmlicher zu machen und die Verdauung anzuregen – sprich Völlegefühl und Blähungen zu vermeiden. In dieser Hinsicht ist der Wiesen-Kümmel ein echter Oldtimer, denn er gilt als das älteste Gewürz Europas. Im Nahen Osten ist seine Nutzung schon seit der Jungsteinzeit belegt und dort erhielt er auch seinen botanischen Namen nach der antiken türkischen Stadt Caria. Der deutsche Name geht auf seine Ähnlichkeit mit dem Kreuzkümmel (*Cuminum*) zurück, der in der Küche Südasiens eine bedeutende Rolle spielt. Beide sind Doldengewächse, unterscheiden sich aber wesentlich in Duft und Geschmack.

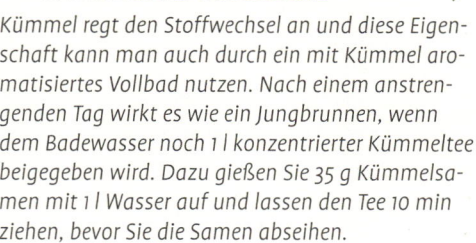

Erfrischender Badezusatz

Kümmel regt den Stoffwechsel an und diese Eigenschaft kann man auch durch ein mit Kümmel aromatisiertes Vollbad nutzen. Nach einem anstrengenden Tag wirkt es wie ein Jungbrunnen, wenn dem Badewasser noch 1 l konzentrierter Kümmeltee beigegeben wird. Dazu gießen Sie 35 g Kümmelsamen mit 1 l Wasser auf und lassen den Tee 10 min ziehen, bevor Sie die Samen abseihen.

Blüte erst im zweiten Jahr

Wiesen-Kümmel entwickelt wie alle Zweijährigen im ersten Jahr nur eine Blattrosette und im zweiten Jahr einen langen kantigen, im oberen Drittel verzweigten Blütenstängel, an dessen Enden sich die Blütenschirmchen mit kleinen weißen Einzelblüten ausbilden. Die Blätter sind zwei- bis dreifach gefiedert und können im jungen Stadium geerntet werden. Sie enthalten ebenso wie die ausgereiften Samen das ätherische Öl Carvon – allerdings in weniger hohen Anteilen. Für die Kultur werden die Samen im Frühjahr oder im Frühherbst an Ort und Stelle ausgesät, später vermehrt sich Kümmel durch Selbstaussaat. Die Samen sind Lichtkeimer und werden bei der Aussaat nicht mit Erde bedeckt. Normale Kräutererde ist gut geeignet, aber Wiesen-Kümmel schätzt eine regelmäßige Gabe organischen Düngers und gleichmäßige Feuchtigkeit. Um die lange Wartezeit auf die erste Ernte etwas abzukürzen, sind im Handel auch einjährige Sorten als Saatgut erhältlich.

Bekömmliche Öle

Wegen seiner rübenartigen Wurzel sind normale Balkonkästen oft nicht tief genug. Es ist daher besser, Kümmel dort auszusäen, wo seine Wurzel nach unten ausreichend

Platz hat. Außer aus Blättern und Samen wird das ätherische Öl auch aus der Wurzel gewonnen. Die sichelförmigen, gerippten reifen Samen werden für den Hausbedarf geerntet. Sie können einfach zerkaut oder zum Würzen verwendet werden und eignen sich auch zum Aromatisieren von Pflanzenöl. Ge-

bräuchlicher ist ein Karminativum, ein Blähungen vermeidender Tee, der nicht nur den Stoffwechsel anregt, sondern bei Husten auch schleimlösend wirkt. Bei Frauenleiden hilft Kümmeltee als krampflösendes Mittel und soll auch den Milchfluss anregen. Als Gurgellösung beseitigt er Mundgeruch.

Schmalblättriger Lavendel

Lavandula angustifolia subsp. *angustifolia*

Standort: *sonnig; durchlässiger Boden mit hohem Mineralgehalt; warm und trocken*
Lebensweise: *mehrjährig*
Ernte: *Blüten während Hauptblütezeit, junge Blattaustriebe im Frühsommer*

In puncto Aroma ist der Lavendel der unübertroffene Star im Kräuterreich. Es gibt wohl kaum ein Bouquet, in dem er fehlen würde. Nicht umsonst haben die Römer der Antike ihn bereits für die Körperpflege genutzt und ihn *Lavandula* genannt, vom lateinischen Wort *lavare* für waschen. Das ätherische Öl, das für den markanten Duft verantwortlich ist, findet in der Aromatherapie Anwendung und ist Bestandteil vieler Parfums. Ein anderer wichtiger Bestandteil des Lavendels ist Kampfer, der im Schopflavendel (*Lavandula stoechas*) besonders hoch ist.

Blaues Wunder

Der etwa 50–60 cm hohe Halbstrauch stammt aus der Mittelmeerregion, wo er an sonnigen steinigen Abhängen gedeiht. Die Pflanze wächst in Beständen aus kleinen kugeligen, verzweigten Büschen, aus denen zahlreiche dünne Blütenstiele drahtig nach oben streben. Die grauen, nadelförmigen fein behaarten Blättchen bilden im unteren Drittel ein polsterartiges Kissen. Neben seinem Duft ist Lavendel wegen seiner intensiv blaublühenden Blütenähren beliebt, die sich gut trocknen lassen, die Farbe bewahren und für Dekorationen und Duftsäckchen – beispielsweise unter dem Kopfkissen oder im Kleiderschrank gegen Motten – verwendet werden. Geerntet werden die jungen Blattaustriebe im Frühjahr und die Blütenähren zur Vollblüte im Hochsommer. Die Triebe werden an der Basis abgeschnitten und im Ganzen getrocknet. Mit den kleinen Einzelblüten lassen sich Zucker und Süßspeisen aromatisieren und garnieren. Lavendel ist auch ein Bestandteil der *Herbes de Provence*, die in der mediterranen Küche verwendet werden. Ein Teeauszug hilft gegen Kopfweh und gereizten Magen, aber auch gegen Schlafstörungen und innere Unruhe. Noch gebräuchlicher als die innerliche Anwendung ist Lavendelöl für Massagen, als Badezusatz, in Körperpflegemitteln sowie als Erste Hilfe bei kleineren Hautreizungen. Die beruhigende Wirkung der ätherischen Lavendelöle ist wissenschaftlich erwiesen.

Im Balkonkasten oder im Topf ist Lavendel anspruchslos. Es tut der Blütenbildung gut, wenn dem Substrat etwas Sand beigemischt wird. Gleich nach der Blüte sollte die Pflanze um die Hälfte zurückgeschnitten werden. Dann bleibt sie beim Neuaustrieb schön buschig. In kalten Wintern wird sie besser mit Frostschutzvlies abgedeckt.

Schopf-Lavendel (**L. stoechas**).

Echtes Lungenkraut

Pulmonaria officinalis

Standort: *halbschattig bis sonnig; lehmig-humoser Boden, gleichmäßig feucht*
Lebensweise: *mehrjährig*
Ernte: *Blätter im Frühsommer*

Die kleine ausdauernde Staude duckt sich gern weg. Von Natur aus wächst sie verzweigt und niederliegend im Schatten von Gehölzen und blüht dann bereits vor dem Laubaustrieb. Typisch sind ihre lappig-ovalen gefleckten, borstig behaarten Blätter, die einen grundständigen Blattschopf bilden, aus dem sich ein kurzer beblätterter Blütentrieb mit endständigen kleinen trichterförmigen Blüten erhebt. Diese sind je nach Kalkgehalt des Bodens blau, rosa- oder lilafarben – aus der Blütenfarbe lässt sich also auf die Bodenart schließen. Die Pflanze wird gern als Beispiel für die im ausgehenden Mittelalter begründete Signaturenlehre genannt, die darauf beruht, dass man aus der Form bestimmter Pflanzenteile auf ihre Verwendung schließen kann. Im Fall des Lungenkrautes sind es die Blätter, die entfernt an einen Lungenflügel erinnern. Sie werden im Frühsommer geerntet, getrocknet und für Aufgüsse und Extrakte verwendet. Der junge Blattaustrieb im Frühjahr eignet sich frisch als Zutat für Salate oder Suppen. Das Lungenkraut hat sich durch seinen hohen Anteil an Kieselsäure und Schleimstoffen sowie durch den hohen Saponingehalt bei trockenem Husten und Entzündungen der oberen Atemwege als schleimlösendes Mittel bewährt und verringert die Neigung zu Asthma. Früher war es bei der Behandlung von Lungentuberkulose gebräuchlich. Ähnlich wie der verwandte Beinwell enthält das Lungenkraut Allatonin, welches die Wundheilung fördert. Deshalb werden mit Umschlägen aus Lungenkrautextrakt auch kleinere Wunden versorgt. Lungenkraut wächst im Topf oder Kasten am besten an einem halbschattigen Platz oder beschattet durch benachbarte Pflanzen. Es benötigt einen lehmig-humosen, gleichmäßig feuchten Boden.

Echtes Mädesüß

Filipendula ulmaria

Standort: *sonnig bis halbschattig; lehmig-kalkhaltiger Boden, gleichmäßig feucht*
Lebensweise: *mehrjährig*
Ernte: *Blüten kurz vor der Vollblüte im Frühsommer*

Die häufig im Ufersaum von Fließgewässern auftretende Wildstaude war neben Eisenkraut und Minze eines der heiligen Kräuter der Druiden. Vermutlich haben diese bereits die besondere Fähigkeit der Pflanze als Schmerzmittel genutzt. Denn Mädesüß enthält natürliche Salicilate, deren Wirkstoff Acetylsalicylsäure der Grundbestandteil von Aspirin ist.

Das Mädesüß benötigt einen nährstoffreichen, kalkhaltigen Boden, der durchgehend feucht sein sollte. Im Topf wächst sie am besten in Kübelpflanzenerde, die einen hohen Tonanteil und eine gute Wasserspeicherkapazität hat. Das Rosengewächs wird im Topf etwa 50 cm hoch. Die Pflanze verholzt nur im unteren Teil und die Triebe haben keine Stacheln. Ihre paarig gefiederten Blätter werden nach oben hin immer kleiner. Die rispenartigen Blütenstände mit kleinen weißen duftenden Blüten locken nektarsuchende Insekten an.

Geerntet wird mit beginnender Blüte im Frühsommer – dann ist der Anteil der Salicilate besonders hoch. Zum Trocknen eignen sich alle Pflanzenteile, aus ihnen werden Teeaufgüsse zubereitet. Die frischen Blüten werden separat gesammelt zum Dekorieren von Süßspeisen, Obstsalaten oder für Sirup, den man aus ihnen ähnlich wie von Holunderblüten kochen kann. Auch junge Blätter können frisch in Salate oder Kräutersuppen geschnitten werden. Mädesüß kommt nicht nur bei Schmerzen zum Einsatz. Es gilt als eines der besten Mittel bei Übersäuerung (Sodbrennen) und Magenentzündungen. Seine adstringierende Wirkung hat sich auch bei rheumatischen Beschwerden bewährt. Bei einer Allergie gegen Salicylsäure sollte Mädesüß nicht verwendet werden.

Wilde Malve

Malva sylvestris

Standort: *sonnig; warm und trocken, kalkhaltig, durchlässig*
Lebensweise: *mehrjährig*
Ernte: *frische Blüten während der Blütezeit, junge Triebe und Blätter im Frühjahr*

Die krautige, etwa 60 cm hohe Staude wurde bereits im Altertum als Heil- und Duftpflanze genutzt und bis ins Mittelalter sogar als „Allesheilerin" verehrt. Ihre heilenden Kräfte sind insbesondere im Hinblick auf schleimlösende und entzündungshemmende Wirkungen bei allen Erkrankungen der oberen Atemwege sehr wertvoll.

Ernte nach Bedarf

Eng verwandt ist die Wilde Malve mit drei weiteren Malvenarten, die ähnliche Inhaltsstoffe aufweisen: *Malva moschata*, die Moschus-Malve, *Malva alcea*, die Rosen-Malve und *Malva neglecta*, die Weg-Malve. Alle vier Arten sind als Hausmittel in Gebrauch und unterscheiden sich nicht wesentlich in ihrer Wirkung. Ihr auffälligstes Merkmal sind die großen violett-rosafarbenen Blütenblätter mit den dunklen Längsstreifen und der hervorstehende Griffel in der Blütenmitte. Damit locken sie zahlreiche Insekten auf der Suche nach Nektar an. Die Blüten bilden sich in den Blattachseln des leicht verholzenden Triebes und blühen vom Hochsommer bis in den Herbst. Werden die Triebe nach der ersten Blüte bis auf den Grund zurückgeschnitten, entwickelt sich meist noch eine Nachblüte. Kleine gestielte nierenförmige Blätter mit Basalfleck, jeweils handförmig gelappt, sind über den Stängel verteilt. Alle Teile – Blüten und Blätter und auch die Spaltfrüchte – enthalten wertvolle Schleimstoffe, Tannine, Flavonoide, die Blüten zusätzlich den blauen Farbstoff Malvin mit besonderer antioxidativer Schutzfunktion gegen freie Radikale. Sie können während der Saison laufend

Malvensirup

Verwenden Sie von etwa 25 Blüten die lilafarbenen Blütenblätter und schneiden Sie diese klein. Kochen Sie 100 ml Wasser und 100 g Zucker 3 min lang sprudelnd und geben Sie nach kurzem Abkühlen die Blütenblätter dazu. Pürieren Sie die Mischung mit einem Stabmixer. Den Malvensirup dann 2–3 h ziehen lassen, nochmals durchmischen, ein weiteres Mal erhitzen und in eine Flasche mit Twist-off-Deckel abfüllen. Im Kühlschrank bleibt der Sirup mehrere Monate lang haltbar. Verwendet wird er 1:10 vermischt mit Wasser als Saft oder unverdünnt in Quarkspeisen und Obstsalat.

geerntet werden: die jungen Triebe und Blätter im Frühjahr frisch in den Salat, die Blüten als Dekoration. Ab dem Sommer werden die geernteten Teile nicht mehr frisch verwendet, sondern getrocknet, und für Teeaufgüsse sowie als Badezusatz konserviert. Ab dem zweiten Jahr könnte man auch die Wurzel nutzen, aber die Pflanze soll ja noch ein wenig leben. Die Früchte bilden zunächst eine flache Scheibe am Blütenboden. Bei der Reife spaltet sie sich in zahlreiche Teile auf und entlässt kleine dunkle Nüsschen, die eigentlichen Samen. Ein Malventee aus Blüten und Blättern mit Honig lindert starken Hustenreiz. Geschwüre und andere Entzündungen der können durch ein Vollbad mit Malvenextrakt behandelt werden. Übrigens ist es besser, sich auf den eigenen Anbau zu verlassen: Malventee aus dem Supermarkt wird oft aus Hibiskusblüten hergestellt, die nicht dieselbe Wirkung haben.

Schutz vor Umknicken

Auf dem Balkon wächst die Malve problemlos im Topf. Sie schätzt ein durchlässiges, kalkreiches Substrat mit guter Nährstoffversorgung. Die Pflanzen sind bei Feuchtigkeit anfällig für Rostpilze. Am besten werden die Blätter beim Gießen deshalb nicht benetzt. Ausreichender Abstand zu den Nachbarpflanzen garantiert gute Belüftung, die die Anfälligkeit für Krankheiten ebenfalls herabsetzt. Die Blütenstiele knicken schnell um und sollten nicht nur bei starkem Wind und Regen durch Stäbe gestützt oder zusammengebunden werden.

Mutterkraut

Tanacetum parthenium

Standort: *sonnig bis halbschattig; warm und trocken, kalkhaltig, durchlässig*
Lebensweise: *mehrjährig*
Ernte: *Blüten und Blätter im Hochsommer*

Die kurzlebige Staude wächst buschig mit fiederteiligen Blättern und wird im Topf etwa 40 cm hoch. Sie hat Ähnlichkeit mit der Kamille, riecht auch aromatisch, weist aber nicht den typischen Kamillenduft auf, sondern hat einen strengeren Geruch vergleichbar mit Chrysanthemen. Im antiken Rom wurde das Mutterkraut bei Geburten eingesetzt, denn es regt die Durchblutung an, lindert krampfartige Schmerzen und fördert die Wehen. Während der Schwangerschaft ist es daher tabu. Im Mittelalter, als die im Orient beheimatete Pflanze den Weg nach Mitteleuropa gefunden hatte, diente die Pflanze als allgemeines Stärkungsmittel für die Gebärmutter und zur Anregung der Monatsblutung.

Hilfe bei Migräne

Heute ist das Mutterkraut immer noch von Bedeutung in der Frauenheilkunde. Es erweitert die Blutgefäße, bewährt sich aber auch in einem anderen Einsatzgebiet: bei der Behandlung von Kopfweh und zur Vorbeugung von Migräne. Der Wirkstoff Parthenolid mit entzündungshemmender Wirkung spielt hier eine entscheidende Rolle. Verwendet werden dafür die getrockneten Blätter, die neben dem Parthenolid noch ätherische Öle (Kampfer) und Flavonoide enthalten. Letztere haben vermutlich eine krampflösende Eigenschaft und sind am Aufbau von Gerbsäuren beteiligt. Die ätherischen Öle haben noch den angenehmen Nebeneffekt, dass sie lästige Insekten abwehren. Vorsicht im Umgang mit dem Mutterkraut ist Korbblüten-Allergikern geboten. Hin und wieder treten durch Kontaktallergie Mundgeschwüre nach dem Essen frischer Blätter auf.

Blätter aufs Brot

Das Mutterkraut hat kantige, gefurchte Stängel, dreifach gefiederte Blättchen und baut am Ende des Blütentriebes eine lockere Rispe aus lauter Einzelblüten auf. Diese bestehen aus einem Kranz kleiner weißer Zungenblüten und in der Mitte aus gelben Röhrenblüten. Wird es nach der Blüte zurückgeschnitten, blüht es ein zweites Mal. Es wächst problemlos im Balkonkasten in Kräutererde an einem sonnigen Platz und ist sehr pflegeleicht. An heißen Tagen immer leicht feucht halten, sonst welken die Blätter, aber nicht zu stark wässern. Die Vermehrung erfolgt über Aussamen. Das Mutterkraut blüht von Juli bis September – in dieser Zeit werden die Blüten geerntet und getrocknet. Die Blätter können bereits ab dem Austrieb geerntet werden, enthalten den höchsten Anteil an Inhaltsstoffen aber zur Hauptblütezeit.

Mit täglich zwei bis drei frischen Blättern, die in den Salat geschnitten oder aufs Brot gelegt werden, lässt sich bereits effektive Migräneprophylaxe betreiben. Die Blätter dienen auch zur äußeren Behandlung von eitrigen Wunden. Ein Tee aus frischen oder getrockneten Blättern und Blüten fördert die Verdauung und ist harntreibend. Auch die Herstellung von Tinkturen aus Mutterkrautextrakt ist üblich.

Gewöhnliche Nachtkerze

Oenothera biennis

Standort: *sonnig bis halbschattig; warm und trocken, kalkhaltig, durchlässig*
Lebensweise: *zweijährig*
Ernte: *Blütenknospen, frische Blüten, Blatter im Sommer, reife Samen im Spätsommer, Wurzeln ab dem zweiten Jahr*

Die namengebende Art der Nachtkerzengewächse ist eine beliebte Nahrungspflanze für Nachtfalter. Jeden Abend mit einsetzender Dunkelheit öffnen sich einige neue Blüten an dem kandelaberförmigen Blütenstand. Die Pflanze strebt aus einer grundständigen Blattrosette nach oben und erreicht im Laufe des Sommers eine Höhe von über 1 m. Sie vermehrt sich über Samen und sät sich leicht selber aus. Im ersten Jahr entwickelt sich nur die Grundrosette aus langen verkehrt lanzettförmigen Blättern mit auffällig rötlicher Mittelrippe. Erst im zweiten Jahr erscheint der beblätterte Blütenstand. Die Gewöhnliche Nachtkerze ist eine sehr anspruchslose Art, die von Natur aus auf kargen Böden in durchlässiger Erde gedeiht und empfindlich ist gegen stauende Nässe. Im Topf bietet sich ein Gemisch aus Sand und Kräutererde im Verhältnis 1:2 an. Die tiefwurzelnde Art benötigt ein ausreichend großes Gefäß. Ein Balkonkasten ist schon allein wegen der Höhe der Pflanze definitiv nicht geeignet. Die Blüten der Nachtkerzen sind hellgelb und schalenförmig. Sie verblühen bereits im Laufe einer Nacht, es werden aber den ganzen Sommer über immer wieder neue Blüten gebildet.

Reich an Fettsäuren

Stängel, Blätter, Blüten und unreife Schoten werden im Sommer geerntet und frisch verwertet oder getrocknet. Aus reifen Samen wird im Spätsommer ein an Linolsäuren (mehrfach ungesättigte Fettsäuren) reiches Öl gepresst, das als wirksames Antioxidans gilt. Omega-6-Fettsäuren, wie sie in den Samen enthalten sind, können vom Körper nicht selbst gebildet werden. Linolensäuren kommen bei Krebstherapien von Leber und Bauchspeicheldrüse zum Einsatz und wirken sich fördernd auf den Fettstoffwechsel und die Hormonproduktion aus. Herz-Kreislauf-Erkrankungen und Arteriosklerose können damit effektiv behandelt werden. Außerdem bessert Nachtkerzenöl bei einem natürlichen Mangel an Linolensäure das Hautbild, zum Beispiel bei Neurodermitis. Wunden und Insektenstiche werden ebenfalls damit behandelt – oder eine Teekompresse auf die betroffene Stelle gelegt. Eine erkennbare Wirkung setzt erst nach mehreren Wochen ein, die Anwendung von Nachtkerzenöl oder anderen Extrakten der Pflanze ist also langfristig erforderlich. Teilweise wurden Unverträglichkeiten mit Medikamenten festgestellt, zum Beispiel in Verbindung mit Mitteln

gegen Epilepsie. Ob die Einnahme oder Anwendung negative Auswirkungen in der Schwangerschaft haben, ist nicht geklärt. Ein Gebrauch der Pflanze sollte im Zweifelsfall immer zuerst mit einem Arzt abgestimmt werden.

Vielseitiger Nutzen

Aus den getrockneten Blättern lässt sich ein Auszug herstellen, der innerlich und äußerlich zur Anwendung kommt. Auch die junge Wurzel kann im ersten Jahr ähnlich wie Schwarzwurzeln als Gemüse zubereitet werden. Sie hat einen weinartigen Geruch, auf den der botanische Gattungsname zurückgeht. *Oinotheris* bedeutet im Griechischen „Weingeruch". Neue Studien beschäftigen sich auch mit dem Einsatz von Nachtkerzensamen in der Lebensmittelproduktion, beispielsweise in Backwaren.

Parakresse

Acmella oleracea

Standort: *sonnig bis halbschattig; warm, lehmig-humoses Substrat*
Lebensweise: *einjährig*
Ernte: *Blätter und Blüten im Sommer*

Die in indianischen Kulturen Südamerikas unter dem Namen Jambu bereits lange gebräuchliche Pflanze hinterlässt beim Verzehr einen verblüffend prickelnden Effekt auf der Zunge und für kurze Zeit scheint der Mundraum ein wenig betäubt, was beispielsweise bei Zahnschmerzen von Vorteil ist. Nebenwirkungen treten nicht auf. Parakresse regt auch den Speichelfluss an. Die Wirkung beruht auf den Inhaltsstoffen

Spilanthol und Polygodial, die auch in Pfeffer vorkommen.

Die Parakresse ist mit einheimischen Kressearten nicht verwandt, hat aber einen ähnlich schärfeartigen Geschmack. Wegen der ungewöhnlichen Blüte (ohne Kronblätter) und ihres eigenartig pikanten Geschmacks ist die Parakresse für die innovative und experimentelle Küche ein Gewinn. Blüten und Blätter werden nach Bedarf gepflückt, kleingeschnitten und unter den Salat gemischt.

Parakresse zeigt eine abwehrsteigernde Wirkung, ähnlich wie beim Scheinsonnenhut, und hilft auch bei Mund- und Rachenentzündungen. Das Stimulans der scharfen Inhaltsstoffe wird für die Behandlung von Gicht und Rheumaerkrankungen genutzt. Auszüge aus den Blättern und Blüten werden dann für Kompressen verwendet. Geerntet wird die Pflanze den ganzen Sommer über. Als kälteempfindliches Gewächs überwintert sie im Haus, ist aber in unseren Breiten eher kurzlebig. Die Blätter wachsen an kriechenden Stielen, die Blüten sitzen einzeln auf kurzen blattlosen Stängeln. Die Pflanze ist gut als Topfgewächs zu kultivieren, wenn man sie in normaler Kräutererde gleichmäßig feucht hält und an einen sonnigen bis halbschattigen Platz stellt.

Winterharte Passionsblume

Passiflora incarnata

Standort: *sonnig, warm und geschützt; leicht sandig und durchlässig, ausreichend feucht halten*
Lebensweise: *mehrjährig*
Ernte: *Blüten im Sommer, Stängel und Blätter ganzjährig*

Unter den weltweit über 400 verschiedenen Arten ist die Winterharte Passionsblume nur eine von vielen, dafür aber eine der robustesten. Die kletternde Staude ist allerdings in unseren Breitengraden nur im Weinbauklima so winterhart, wie es der Name vermuten lässt. Ursprünglich stammt die Pflanze aus Amerika und den tropischen Regionen der Südhalbkugel, wo ihre spektakuläre Blütenform spanische Missionare an die Leiden Christi erinnerte. Im 18. Jahrhundert wurde die beruhigende Wirkung ihrer Inhaltsstoffe – Flavonoide, Alkaloide und Glykoside – erkannt. Seitdem kommen Auszüge bei der Behandlung von Schlaflosigkeit, nervöser Reizbarkeit und Angststörungen zum Einsatz. Aus Blüten und Früchten lässt sich Sirup kochen. In der Regel wird die Kletterpflanze mit den 1–2 m langen Trieben und den 3- bis 5-lappigen Blättern an einem Rankgitter auf dem Balkon wegen ihres Zierwertes kultiviert, Früchte setzt sie nur bei optimalen Bedingungen an. Passionsblumen wachsen gut in Kräutererde mit Sandanteil und benötigen für reiche Blütenbildung eine wöchentliche Düngung, viel Wasser und einen Rückschnitt im Frühjahr. In rauem Klima wird die Pflanze besser im Haus oder Wintergarten überwintert. Dann behält sie ihre Blätter.

Pfeffer–Minze

Mentha piperita

Standort: *sonnig bis halbschattig; lehmig-humoses Substrat, gleichmäßig feucht*
Lebensweise: *mehrjährig*
Ernte: *Blätter kurz vor der Vollblüte im Sommer*

Minzen gehören im Kräuterreich zu den artenreichsten Gattungen und sind in ihrer Sortenfülle inzwischen fast unüberschaubar. Grob lassen sich zwei Gruppen unterscheiden: die balsamischen mentholarmen und die erfrischenden mentholhaltigen Arten. Die Pfeffer-Minze gehört zur zweiten Gruppe. Sie entstand aus einer Kreuzung von Wasser-Minze (*Mentha aquatica*) und Ähriger Minze (*Mentha spicata*), wurde bereits im Altertum wegen ihres ätherischen Öls und dessen Hauptkomponente Menthol geschätzt und sowohl in der Küche als auch für eine Vielzahl von Heilanwendungen genutzt, was vermutlich auf eine antiseptische Wirkung zurückzuführen ist.

Angenehme Kühle

Menthol ruft das Empfinden einer spürbaren Kühlung hervor, die aber die Körpertemperatur nicht beeinflusst. Dies funktioniert insbesondere über Rezeptoren in der Nase, die auf die Schleimhäute eine zusammenziehende Wirkung haben und bis hinab in die Bronchien das Gefühl vermitteln, leichter durchatmen zu können. Auch auf der Haut ist ein kühlender und leicht betäubender Effekt spürbar. Mentholhaltige Öle werden daher beim Auftragen als angenehm schmerzlindernd und krampflösend empfunden und helfen beispielsweise bei Muskelverspannungen und Kopfschmerzen. Einnehmen sollte man das Öl besser nicht, denn es ruft oft Sodbrennen hervor. Auch die Inhalation des konzentrierten Öls kann Atembeschwerden verursachen und ist insbesondere für Kinder gefährlich.

Besser ist es, bei Atembeschwerden eine mentholhaltige Salbe auf die Brust aufzutragen, die mit einem Extrakt aus den getrockneten Blättern der Pfeffer-Minze hergestellt wird. In frischem Zustand würzen Pfeffer-Minzblätter Obst- und Süßspeisen, aromatisieren Tee und Likör sowie Saucen, Gemüse- und Fleischgerichte. Ihr etwas scharfer, pfeffriger Geschmack und der Kühleffekt wirken auf Schleimhäute und Geschmacksnerven leicht betäubend und regen den Appetit an.

Im Zaum halten

Auf dem Balkon wachsen Minzen sehr gut im Topf und im Balkonkasten. Allerdings neigen ihre Rhizome zum Wuchern, deshalb sollte Minze besser in ein eigenes Gefäß getopft werden. Ein nährstoffreiches, lehmig-feuchtes Substrat im Halbschatten bietet beste Wachstumsbedingungen. Die Pfeffer-Minze hat einen kantigen, leicht rötlich überlaufenen Stängel, an dem sich auch oberirdisch oft Wurzeln entwickeln. Die festen, lanzettlichen, gegenständig am Stängel sitzenden Blätter duften sehr aromatisch. Sie sind etwas anfällig für eine Pilzkrankheit, den Minzenrost. Befallene Blätter werden am besten gleich entfernt und nicht verwendet. Im Hochsommer entwickeln sich an den Triebspitzen und in den Blattachseln ährige Blütenstände mit kleinen lilafarbenen Lippenblüten. Die Pfeffer-Minze wird im Topf nicht viel höher als 30 cm. Die beste Erntezeit ist kurz vor der Vollblüte im Hochsommer. Die Pflanze treibt anschließend noch mal nach und kann weiter fortlaufend geerntet werden.

Ringelblume

Calendula officinalis

Standort: *sonnig; warm, durchlässiges Substrat,*
gleichbleibend feucht halten
Lebensweise: *ein- bis zweijährig*
Ernte: *ganze Blütenköpfe zur Vollblüte im Hochsommer*

Gewürzpflanze, Zauberkraut, Färbepflanze, Schmuckpflanze, Heilkraut – der Ringelblume werden bereits seit der Antike die unterschiedlichsten Eigenschaften zugesprochen. Und tatsächlich ist sie sehr vielseitig nutzbar. Neben ihren leuchtend gelben und orangefarbenen Blüten ist das unverwechselbare Aroma das auffälligste Merkmal dieser typischen Vertreterin ländlicher Bauerngärten. Auch für die Topfkultur eignet sie sich gut, wenngleich sie als Einzelgewächs etwas untergeht. Am natürlichsten wirkt die Ringelblume, wenn sie in Gruppen steht oder mehrere Exemplare verteilt in einem Balkonkasten wachsen. Dafür sät man sie im Herbst oder Frühjahr aus. Die Pflanze keimt zuverlässig und bildet im Herbst zunächst eine Blattrosette, aus der sich dann im Folgejahr der Blütenstiel entwickelt. Im Frühjahr ausgesäte Samen blühen noch im selben Jahr. Einmal an einem Standort etabliert, samt sie immer wieder selbst aus.

Zuverlässiger Dauerblüher

Ihr botanischer Name *Calendula* spielt darauf an, dass die Ringelblume monatelang vom Frühjahr bis weit in den Herbst blüht. Schon im alten Rom blühte sie in fast jedem Monat des Kalenders und erhielt den davon abgeleiteten Namen.

Die Pflanze wird im Topf etwa 30–40 cm hoch und wächst in sandig-lehmigem Substrat in voller Sonne und bei guter Belüftung. Sonst sind ihre Blätter anfällig für Pilzerkrankungen wie Mehltau oder Grauschimmel. Die verzweigten, etwas fleischigen Triebe sind kurz behaart, ebenso wie die langen, lanzettlichen Blätter, die über den Stängel verteilt sind. Geerntet werden die Blütenköpfe, sobald sie voll erblüht sind – oder auch nur die Zungenblüten. Orangeblühende Sorten enthalten mehr wertvolle Carotinoide und Lycopin. Fortlaufende Ernte erhöht die Nachblüte ebenso wie eine phosphorbetonte Düngung. Auch junge Blätter können als Salatzutat verwendet werden, frische Blütenblätter als essbare Dekoration oder als Safranersatz in Reisgerichten. Die noch nicht erblühten Knospen dienen sauer eingelegt als Kapernersatz.

Wohltat für die Haut

Getrocknete Ringelblumenblüten enthalten hauptsächlich entzündungshemmende Stoffe und bilden die Grundlage für Tinkturen, Teeauszüge oder Salben. Sie kommen vorzugsweise äußerlich bei Hautproblemen zum Einsatz, beispielsweise bei Geschwüren, Warzen, kleinen Verletzungen oder Sonnenbrand. Im Dampf- oder Vollbad helfen Ringel-

blumenextrakte auch bei unreiner
Haut und im Shampoo verleihen sie
Haaren Glanz und Fülle. Innerlich
helfen ihre Wirkstoffe bei Entzündungen im Rachen und im Verdau-
ungstrakt. Nicht anwenden sollte
man sie bei einer Allergie gegen
Korbblütler. Die Samen haben eine
typische Ringelform, die der Pflanze
ihren deutschen Namen gab.

Rosmarin

Rosmarinus officinalis

Standort: *sonnig; warm, trocken, durchlässiges kalkreiches Substrat*
Lebensweise: *mehrjährig*
Ernte: *ganze Zweige kurz vor der Vollblütezeit*

Tau des Meeres – so lässt sich der botanische Name des Rosmarins deuten, wohl weil seine hellblauen Blüten wie Tautropfen über steinigen Klippen am Mittelmeer leuchten. Eine poetische Beschreibung für einen kleinen sparrigen Halbstrauch mit harten, nadeligen Blättern.

Rosmarin wird seit Jahrtausenden in allen Kulturen hoch geschätzt – als Zeichen der Freundschaft, des Kampfes und Siegeswillens sowie der Trauer und neuen Lebens. Ein Rosmarinzweig hat eine hohe Symbolkraft und das liegt wohl auch daran, dass er unter widrigsten Bedin-

gungen wächst und bei größter Trockenheit das stärkste Aroma entwickelt – nach dem Motto: Was mich nicht umbringt, macht mich nur stark!

Herbe Würze

Was dem Rosmarin allerdings zu schaffen macht, ist stauende Nässe im Boden. Dann faulen seine Wurzeln, die Blätter vertrocknen und die Pflanze erholt sich auch nach dem Umtopfen nicht mehr. Mit zu häufigem Gießen tut man ihm somit keinen Gefallen. Mit Ausnahme spezieller winterharter Sorten verträgt Rosmarin auch keine frostigen Temperaturen. Ihn im Haus zu überwintern, erfordert aber etwas Fingerspitzengefühl. Am besten funktioniert es an einem kühlen hellen Platz am Fenster. Glänzende, ledrige aromatische Blätter in sattem Grün entwickeln sich nur an einem vollsonnigen Platz in durchlässigem, nährstoffarmem, kalkreichem Substrat. Kurz vor der Vollblüte im Frühsommer werden seine Zweige im Ganzen geerntet, die Nadeln abgestreift, kleingeschnitten und dann meist nur sparsam dosiert Lammbraten, gegrilltem Fisch, Ratatouille und Kartoffelgerichten als deftige Würze beigegeben. Kleinere Zweige werden in Öl, Essig und Marinaden zum Aromatisieren eingelegt; die Blüten dienen in Salaten als essbare Dekoration. Häufiges Ernten im Sommer fördert den buschigen Wuchs, denn die Pflanze treibt dann aus der verholzten Basis immer wieder aus. Ab August sollte die Ernte aber eingeschränkt werden, denn die neuen Triebe können sonst vor dem Winter nicht mehr aushärten

und werden anfällig für Schädlinge und Krankheiten. Nur in dieser Zeit bietet sich aus diesem Grund auch eine einmalige organische Düngung an, später im Jahr nicht mehr. Einmal im Frühjahr vor dem Neuaustrieb wird die Pflanze bis ins lebende Holz zurückgeschnitten, um die kompakte halbkugelige Form des Strauchs zu erhalten. Rosmarin gibt es in zahlreichen Sorten, die sich in der Zusammensetzung ihrer Inhaltsstoffe teilweise unterscheiden.

Schonend konservieren

Zweige, die nicht gleich frisch verwertet werden, lassen sich trocknen und für den späteren Einsatz aufbewahren. Die Nadeln werden erst im getrockneten Zustand abgestreift und kurz vor der Verwendung zerkleinert, um das Aroma und die wertvollen Bestandteile solange wie möglich zu erhalten und erst bei Bedarf freizusetzen. Rosmarinextrakte eignen sich für Tinkturen, Tees, kalte Auszüge, Öle, Salben und als Badezusatz. Sie pflegen Haut und Haare, wirken entzündungshemmend und regen die Durchblutung an. Die Wirkstoffe helfen äußerlich bei Kopfweh, schlecht heilenden Wunden, Muskelverspannungen und Nervenreizungen. Innerlich löst ein Tee Verdauungsprobleme und Menstruationsstörungen. Schwangeren wird von der Einnahme abgeraten, da eine Überdosierung zu Fehlgeburten und Krämpfen führen kann. Die durchblutungsfördernden Eigenschaften regen auch den Stoffwechsel an und können Depressionen, Erschöpfungszustände und apathische Zustände bessern.

Echter Salbei

Salvia officinalis

Standort: *sonnig; warm, trocken, durchlässiges kalkreiches Substrat*
Lebensweise: *mehrjährig*
Ernte: *ganze Zweige kurz vor der Vollblütezeit*

Wenn bei einer Pflanze die Gesundheit schon im Namen steckt, lässt das auf viele positive Eigenschaften schließen. *Salvia* – das lateinische Wort für Heilung – so heißt die aromatische Pflanze seit ihren frühesten Erwähnungen in antiken Schriften. Karl der Große gab sie Benediktinermönchen mit auf ihren Weg über die Alpen, um ihren Anbau auch in entlegenen Klostergärten des Römischen Reiches zu fördern. Ähnlich wie bei den Minzen unterscheidet man beim Salbei zwei verschiedene Gruppen: Fruchtsalbeiarten, zu denen *Salvia greggii* oder *Salvia elegans* mit jeweils diversen Geschmacksrichtungen zählen, und Gewürzsalbeiarten wie den hier beschriebenen Echten Salbei oder den kurzlebigen Muskateller-Salbei (*Salvia sclarea*). Vom Echten Salbei wiederum gibt es zahlreiche verschiedene Sorten, die sich nicht nur in ihren Blattzeichnungen unterscheiden, sondern auch in der Zusammensetzung der ätherischen Öle und sekundären Pflanzenstoffe.

Gut gegen Entzündungen

In mehrfacher Hinsicht bildet Salbei ein gutes Gespann mit dem Rosmarin: Er wächst wie dieser als kniehoher Halbstrauch auf trockenen mineralischen Böden in voller Sonne, bildet kleine lilafarbene Lippenblüten, enthält wertvolle ätherische Öle, entzündungshemmende und zusammenziehende Stoffe und ist ein beliebtes Küchenkraut für deftige Fleischspeisen und Gemüsegerichte. Außerdem hat der Salbei noch weitere Eigenschaften, die ihn als Heilkraut einzigartig machen. Bemerkenswert ist insbesondere seine schweißhemmende und antibakterielle Wirkung. Bei allen Entzündungen im Mund- und Rachenraum helfen Gurgellösungen, Spülungen, Lutschbonbons und Sprays, die Salbeiextrakte enthalten. Salbei macht durch die in seinen Blättern enthaltenen Bitterstoffe das Essen bekömmlicher und fördert die Verdauung. Bei Hitzewallungen in den Wechseljahren und Neigung zu übertriebenem Schwitzen kann das regelmäßige Trinken von Salbeitee Abhilfe schaffen. Dies ist auf einen hohen Anteil an Gerbstoffen zurückzuführen, die in Salbeiauszügen erhalten bleiben. Allerdings enthält Echter Salbei das auch Nervengift Thujon, das bei längerer Anwendung zu Nebenwirkungen wie Schwindel oder Wahrnehmungsstörungen führen kann. Ersatzweise sind thujonfreie Salbeiarten wie *Salvia lavandulifolia* erhältlich. Nicht ganz so erheblich ist dies bei Fußbädern, die sich zur Behandlung von Schweißfüßen empfehlen.

Pflegeleichte Kultur

Salbei lässt sich sehr gut als Topfpflanze und auch im Balkonkasten
ziehen. Er benötigt lediglich einen
sonnigen Platz und ein durchlässiges
kalkreiches Substrat. Mit einer Vlies-
abdeckung ist er winterhart und
treibt im Frühjahr an Ort und Stelle
wieder aus. Kurz vorher bietet sich
ein Rückschnitt bis ins frische Holz
an, damit die Pflanze in ihrer kompakten Form erhalten bleibt. Mit
einer organischen Langzeitdüngung
kommt die Pflanze viele Wochen
aus. Ab August sollte nicht mehr gedüngt werden, um die Aushärtung
neuer Triebe noch vor dem Winter zu
gewährleisten. Junge Triebe bleiben
sonst weich und sind dann im Winter kälteempfindlich. Aus diesem
Grund sollten auch keine Triebe
mehr nach August geerntet werden,
denn dies würde ebenfalls zu erneu-
tem Austrieb führen. Geerntet werden ganze Triebe mit Blättern kurz
vor der Blüte im Frühsommer. Auch
die Blüten enthalten das ätherische
Öl, aber in weniger hohem Anteil. Sie
eignen sich als essbare Dekoration
zum Beispiel im Salat. Zum Trocknen
sollten die Blätter am Stiel belassen
werden. Anschließend werden sie
nach Bedarf abgezupft und vor Gebrauch zerrieben.

Wiesen-Schafgarbe

Achillea millefolium

Standort: *sonnig; normale Kräutererde,*
gleichmäßig feucht halten
Lebensweise: *mehrjährig*
Ernte: *Blütenstände im Sommer zur Vollblüte*

Achilles, der griechische Held, war der Sage nach unverwundbar – bis auf eine einzige schwache Stelle, die Ferse. Angeblich hat er die schnelle Genesung seiner im Kampf erlittenen Wunden auch diesem hübschen Kraut zu verdanken, das zur Erinnerung seinen Namen trägt. Im Blutstillen ist die Schafgarbe Expertin, das zeigt sich auch in den zahlreichen Einsatzgebieten. Ob es die Neigung zu Nasenbluten ist, starke Monatsblutungen oder Schnittwunden: Immer tragen ihre Wirkstoffe in Form von Umschlägen, Tees oder Tinkturen zur Besserung bei. Insbesondere in der Frauenheilkunde ist die mehrjährige Staude fester Bestandteil von Therapien. Sie bewährt sich unter anderem bei Sitzbädern mit ihrer krampflösenden und regulierenden Wirkung auf den Zyklus. Schwangere sollten sie aber meiden, da Schafgarbe auch Wehen auslösen kann. Bitterstoffe, die sie ebenfalls enthält, erweisen sich innerlich angewendet als verdauungsfördernd und den Gallenfluss anre-

Heilende Schafgarbentinktur

Ein Glas mit Schraubdeckel wird mit getrockneten Schafgarbenblüten zu zwei Drittel gefüllt. Darauf wird 45%iger Alkohol gegossen, bis alle Blüten bedeckt sind. Das Glas wird dann mit dem Schraubdeckel luftdicht verschlossen, damit die Tinktur ziehen kann. Hin und wieder schütteln. Nach etwa einer Woche hat sich die Lösung dunkel verfärbt. Nun werden die Blüten abgeseiht und die Tinktur noch durch einen feinen Filter (Teefilter) in ein dunkles Fläschchen mit Pipettenverschluss abgefüllt. An einem kühlen dunklen Platz bleibt sie mehrere Monate haltbar. Für Umschläge werden etwa 10 Tropfen in 100 ml Wasser verdünnt.

gend, äußerlich helfen sie bei Hautentzündungen und sorgen auch dafür, dass die Schleimhäute abschwellen. Bei Überempfindlichkeit gegen Korbblütler wird von der Anwendung abgeraten.

Würzige Wiesenstaude

Auf nährstoffarmen extensiv genutzten Wiesen und an trockenen Wegrändern ist die Schafgarbe hierzulande heimisch. Sie kommt allerdings selten dazu, ihre weißen Blütendolden zu bilden, weil sie vorher bereits abgemäht wird. Zu erkennen ist sie aber auch gut an ihren schmalen, dreifach gefiederten Blättern. Millefolium bedeutet Tausendblatt, und diesen Namenszusatz hat sie durchaus verdient. Wie viele Korbblütler entwickelt die Schafgarbe eine Blattrosette, aus der ein etwa 50 cm hoher, dicht beblätterter unverzweigter und sehr fester Blütenstiel emporwächst. Das Ende jedes Triebes krönt eine Scheindolde aus vielen kleinen weißen Körbchenblüten, die lange haltbar sind und sich zum Beispiel gut für Blumensträuße eignen. Es gibt auch Ziersorten mit gelben und roten Blüten, die aber keinen nennenswerten Anteil

an ätherischen Ölen mehr enthalten. Die Schafgarbe vermehrt sich sowohl über Samen als auch über Wurzelrhizome, neigt also bei guten Standortbedingungen zum Wuchern. Als Topfpflanze benötigt die anspruchslose Pflanze einen sonnigen Platz und normale, gut mit Nährstoffen versorgte Kräutererde. Sie schätzt gleichmäßige Feuchtigkeit. In der Mischkultur fördert sie durch die Freisetzung der ätherischen Öle die Gesundheit ihrer Beetnachbarn und auch im Balkonkasten verrichtet sie diesbezüglich wertvolle Dienste.

Ganze Blütenstände ernten

Die Ernte der Blütenstände erfolgt im Sommer zur Vollblüte; junge Blätter können bereits vorher gezupft werden – als Beigabe im Salat oder in Eintöpfen. Schafgarbe schmeckt sehr bitter und sollte in der Küche entsprechend sparsam zum Einsatz kommen. Die Blütenstände werden im Ganzen getrocknet und bei Bedarf für Tee oder zur Herstellung von Tinkturen zerrieben. Zum Trocknen kann man sie zusammenbinden und mit den Köpfchen nach unten an einem gut belüfteten Ort aufhängen.

Roter Scheinsonnenhut

Echinacea purpurea

Standort: *sonnig; nährstoffreiche durchlässige Kräutererde,*
gleichmäßig feucht halten
Lebensweise: *mehrjährig*
Ernte: *Blüten, Steile, Blätter während der Hauptblütezeit*

Echinos, der Igel, hat seinen griechischen Namen dieser hübschen rhizombildenden Staude geliehen. Dabei ist sie gar nicht stachelig, aber ihre auffälligen großen Blütenköpfe werden zur Blütezeit in der kugeligen Blütenmitte von recht starren schuppenartigen Tragblättern der Röhrenblüten gekrönt, während die purpurfarbenen Zungenblüten nach unten zeigen und den Weg frei machen für nektarsuchende Insekten. Der während der Vollblüte konisch aufgewölbte Blütenboden wirkt auf diese Weise igelartig.

Abwehrstärkendes Multitalent

Der Scheinsonnenhut ist in den USA heimisch und wird dort seit langer Zeit von den Indianern für medizinische Anwendungen genutzt. Er wird insbesondere wegen seiner wundheilenden Kräfte und den immunisierenden Inhaltsstoffen geschätzt. Seine hervorstechende Eigenschaft ist die Fähigkeit, Interferon zu produzieren. Interferon ist ein Protein, das ist in der Lage ist, die Vermehrung von Viren zu unterbinden. Außerdem enthält der Scheinsonnenhut noch eine Reihe anderer wertvoller sekundärer Pflanzenstoffe, die die Blutgefäße stärken, als UV-Filter wirken, antioxidativ sind, also freie Radikale bekämpfen, sowie gegen Bakterien und krankheitsauslösende Pilze wirken. Eine ganze Apotheke in einer einzigen Pflanze könnte man daraus schlussfolgern. Nicht umsonst wird der Scheinsonnenhut deshalb von der Pharmaindustrie auch gewinnbringend vermarktet. Wer die attraktive Pflanze auf dem Balkon kultivieren möchte, kann sich nicht nur an den lange haltenden Blüten erfreuen, sondern sie auch nutzen. Insbesondere vorbeugend gegen grippale Infekte wird das blühende Kraut mit Blüten, Stielen und Blättern während der Hauptblütezeit geerntet. Normalerweise werden auch ältere unterirdische Rhizome dafür verwendet, aber diese auszugraben, ist in der Topfkultur weder sinnvoll noch ausreichend ergiebig. Da die wertvollen Bestandteile sich während der Trocknung verflüchtigen, wird der Scheinsonnenhut so frisch wie möglich verarbeitet, zum Beispiel ein Kaltauszug hergestellt. Auch erhitzt werden sollten die Pflanzenteile demnach nicht. Der Kaltauszug bleibt als alkoholhaltige Tinktur mehrere Monate lang haltbar. Dazu wird das frische Erntegut klein gehäckselt und in einem Glasgefäß mit 45%igem Alkohol aufgegossen. Das Gefäß wird dann luftdicht verschlossen und gelegentlich geschüttelt. Nach etwa einer Woche hat der Alkohol die Inhaltsstoffe

aus den Pflanzenfasern gelöst. Die Pflanzenteile werden dann abgeseiht und die Tinktur durch einen feinen Filter in dunkle Fläschchen mit Pipettenverschluss abgefüllt. Zum Einnehmen träufeln Sie etwa 15 Tropfen auf einen Teelöffel und wiederholen die Einnahme zur Stärkung der Abwehrkräfte zwei- bis dreimal pro Tag.

Pflegleichte Kultur

Die mehrjährige Staude wird aufgrund ihrer Höhe von etwa 70 cm und dem ausgeprägten Wurzelwerk besser in ein geräumiges separates Gefäß gepflanzt und auf dem Balkon auf den Boden gestellt. Mit ihrem borstig behaarten Stängel und den an der Basis großen lanzettlichen Blättern ist sie eine stattliche Erscheinung und hat auch einen hohen Zierwert. Sie steht richtig an einem vollsonnigen Platz in nährstoffreichem, durchlässigem Substrat und blüht im Spätsommer von Juli bis September. Der Rote Scheinsonnenhut ist sehr pflegeleicht und benötigt lediglich im Frühjahr eine Langzeitdüngung auf organischer Basis. Er lässt sich gut über Wurzelstecklinge vermehren.

Echte Schlüsselblume

Primula veris

Standort: *sonnig bis halbschattig; nährstoffreiches lehmig-kalkreiches Substrat, gleichmäßig feucht halten*
Lebensweise: *mehrjährig*
Ernte: *Blüten und junge Blätter im zeitigen Frühjahr*

Reine Nervensache – so könnte man den Nutzen der Echten Schlüsselblume beschreiben. Denn das kleine mehrjährige Kraut steckt voller beruhigender und nervenstärkender Inhaltsstoffe. Diese wirken bei Schlaflosigkeit und Angstzuständen, aber auch bei Kopfschmerzen. Ähnlich wie beim Mädesüß werden Schmerzrezeptoren durch natürliches Salicylat wie die Acetylsalicylsäure – besser bekannt als Grundstoff des Aspirin – ausgeschaltet. Diese entsteht beim Trocknen von Pflanzenteilen aus Phenolglykosiden wie dem Primulaverin. Die anderen wirkungsvollen sekundären Pflanzenstoffe der Schlüsselblume sind

Saponine, die bei Bronchialerkrankungen eine bedeutende Funktion haben, weil sie das Abhusten erleichtern und schleimlösend sind. Auch bei Herzinsuffizienz ist Primelextrakt nützlich, weil es hilft, Wasseransammlungen in der Lunge abzuführen. Im Altertum galt die Primel als probates Mittel bei Lähmungen, Gicht und Rheuma, wohl wegen ihres Kieselsäuregehaltes und ihrer entzündungshemmenden Bestandteile.

Klein, aber oho

Die Schlüsselblume blüht bereits ab März und lockt mit ihren hellgelben nektarreichen Blüten die ersten Bienen an. Sie wächst auf kalkreichen Wiesen, aber auch im lichten Gehölzschatten und ist mittlerweile an ihren natürlichen Standorten selten geworden. Gesammelt werden darf sie nicht mehr, sie steht unter Artenschutz. Aber im Garten und auf Balkon und Terrasse wird sie gern kultiviert, denn sie gehört zu den ersten blühenden Frühlingsboten. Die kleine robuste Staude bildet eine Blattrosette aus runzligen, länglich eiförmigen Blättern, aus der sich mehrere etwa 20 cm hohe unbeblätterte Blütenstände entwickeln. Die Blüten sind trichterförmig und stehen zu fünft bis acht in einer Dolde, die leicht nach unten geneigt ist. Sie duften aromatisch ein wenig nach Honig. Die Pflanze wächst gut in normaler Kräutererde und vermehrt sich durch Aussamen. Es macht Sinn, beim Pflanzen etwas Abstand zu den benachbarten Pflanzen einzuhalten, da sie daneben sonst ein wenig untergeht, sobald diese mit der Zeit höher und breiter werden.

Gleichmäßige Bodenfeuchtigkeit ist wie auch bei anderen Primelgewächsen sehr wichtig.

Geerntet werden die einzelnen Blüten im zeitigen Frühjahr. Sie enthalten zusätzlich noch Flavonoide, die eine entzündungshemmende Wirkung haben. Flavonoide wirken zudem als Farbstoff, der für die gelbe Blütenfarbe verantwortlich ist. Auch der Wurzelstock enthält die wertvollen Inhaltsstoffe, aber es macht keinen Sinn ihn auszugraben, wenn man die Staude noch erhalten möchte. Blüten und Blätter werden nach dem Pflücken getrocknet und für Teeaufgüsse verwendet oder zu Salben und Tinkturen verarbeitet. Die jungen Blätter eignen sich aber auch kleingeschnitten als Salatbeigabe, die Blüten können frisch kandiert werden. In der Kosmetik dient eine Salbe aus Primelextrakt zur Behandlung von kleineren Wunden und Sonnenbrand oder zum Bleichen von Hautflecken und Sommersprossen.

Schlüssel zum Himmel

In der Mythologie spielt *Primula veris* eine bedeutende Rolle als Türöffnerin – entweder zum Himmel oder zu verborgenen Schätzen. Sie kommt in nordischen Sagen ebenso vor wie in religiösen Liedern. Ob das darauf zurückgeht, dass ihre Blütendolde wie ein Schlüsselbund aussieht oder darauf, dass die Blüten im Frühjahr den Himmel öffnen und die Tage wieder heller werden, darüber gibt es keine sicheren Erkenntnisse. Ihre magischen Fähigkeiten erkannt haben die Menschen aber offensichtlich in verschiedenen Kulturkreisen gleichermaßen.

Echter Schwarzkümmel

Nigella sativa

Standort: *sonnig, trocken, warm; nährstoffarmes durchlässiges Substrat, ausreichend feucht halten*
Lebensweise: *einjährig*
Ernte: *reife Samen im Spätsommer*

In der asiatischen und orientalischen Küche gehört der Schwarzkümmel zu den gebräuchlichsten Gewürzen. In Mitteleuropa ist er sowohl im Geschmack als auch im Anbau aber eher ungewöhnlich. Dennoch gedeiht er auch in unserem Klima problemlos und ergänzt die Riege der Gewürzsamen mit seinem bitter-scharfen Geschmack um einen interessanten Aspekt. Die mit ihm verwandte „Jungfer im Grünen" (*Nigella damascena*) ist hierzulande heimisch, enthält aber keine der ätherischen Öle, die den Echten Schwarzkümmel für die Küche und als Heilkraut so besonders wertvoll machen. Sein auffälligstes Merkmal wird erst zur Reifezeit im Spätsommer sichtbar: eine mehrteilige gehörnte Fruchtkapsel, die sich aus dem Blütenstand entwickelt und zahlreiche kleine schwarze Balgfrüchte freigibt. Diese enthalten den Bitterstoff Nigellin und das ölhaltige Nigellon, die sie für verschiedene Zwecke brauchbar machen. Vorher zeigen sich die hübschen weißen Blüten des Hahnenfußgewächses mit grünen oder blauen Blattspitzen, die auf langen gebogenen Stielen sitzen. Die Pflanze wird etwa 25 cm hoch, ist mehrfach verzweigt und weist dreifach fiederteilige Blätter auf. Die Pflanze wächst in durchlässiger Kräutererde auch im Topf und Balkonkasten und sät sich sehr leicht selber aus. Düngung ist nicht erforderlich, denn Schwarzkümmel bevorzugt eher magere Standorte.

Schonend zum Magen

Die Samen des Schwarzkümmels haben besonders magenfreundliche und beruhigende Inhaltsstoffe. Sie verhindern Völlegefühl und Blähungen und fördern die Verdauung. Auch als Hustenmittel eignet sich Schwarzkümmelsamen aufgrund seiner entzündungshemmenden Eigenschaften. Diese werden auch zur Behandlung von Frauenleiden genutzt, sind aber wegen ihrer wehenauslösenden Auswirkungen vor der Zeit nicht für Schwangere geeignet. Nach der Geburt fördern sie aber die Milchbildung. Zur Anwendung werden die getrockneten reifen Samen im Mörser zerrieben und dann mit heißem Wasser aufgebrüht. Für 250 ml Wasser wird ein Esslöffel voll Samen verwendet.

Blätterteig mit Spinat und Schafskäse

Besorgen Sie sich fertigen, aufgerollten Blätterteig aus dem Kühlregal im Super-markt. Legen Sie ihn so in einer Auflaufform auf Backpapier aus, das nur ein Drittel des Teiges den Boden bedeckt. Füllen Sie darauf frische oder tiefgekühlte blan-chierte Spinatblätter und kleingeschnittenen Schafskäse und würzen Sie mit Pfef-fer. Schlagen Sie ein weiteres Drittel des Blätterteiges darüber und belegen Sie diese Lage nochmal wie in der ersten Schicht. Zum Schluss wird das letzte Drittel des ausgerollten Teiges darüber gelegt und mit einer Ei-Sahne-Mischung bestrichen. Darauf streuen Sie drei Esslöffel mit ganzen Schwarzkümmelsamen und backen den Auflauf bei 180 °C auf der mittleren Schiene in etwa 35 min.

Spitz-Wegerich

Plantago lanceolata

Standort: *sonnig bis halbschattig, frisch; nährstoffreiches humoses Substrat*
Lebensweise: *mehrjährig*
Ernte: *Blätter und Blütenknospen zu Beginn der Blütezeit im Frühsommer*

Über die wundheilenden und entzündungshemmenden Eigenschaften des Spitz-Wegerichs waren sich bereits die Gelehrten des Mittelalters einig, die den Gebrauch der Pflanze bei Erkrankungen der Atemwege und zur Behandlung von kleinen Verletzungen empfahlen. Schon in der Antike war es üblich, bei Entzündungen Spitz-Wegerich-Blätter auf Wunden zu legen und damit die Heilung zu beschleunigen oder den

Juckreiz nach Insektenstichen zu mindern. Verantwortlich dafür ist der antibakterielle wirkende Inhaltsstoff Aucubin im Pflanzensaft. Er tritt aus, wenn man ein Blatt zerteilt. Aus diesem Grund ist Spitz-Wegerich ein erstklassiges Erste-Hilfe-Kraut für unterwegs, denn die auch als „König des Weges" bezeichnete Pflanze wächst fast überall – auf Wiesen und entlang von Wegen ebenso wie auf Ruderalfluren – und sie ist meist schnell zur Hand. Der praktische Nutzen und die wertvollen Pflanzenstoffe waren der Grund dafür, den Spitz-Wegerich in Deutschland zur Heilpflanze 2014 zu küren.

Gut verwurzelt

Die etwas unscheinbare Pflanze wird nur etwa 20 cm hoch und entwickelt am Ende der unbeblätterten drahtigen Blütenstiele nur eine einzelne kleine walzenförmige Blüte, die ringsum mit weißen Staubgefäßen bestückt ist. Am Boden bildet der Spitz-Wegerich eine Blattrosette aus mehreren lanzenförmigen Blättern mit auffällig hervortretenden Längsnerven. Er schätzt einen warmen, sonnigen Standort und gedeiht im Balkonkasten in normaler, nährstoffreicher Kräutererde. Regelmäßige organische Düngung fördert die Blattentwicklung und ist insbesondere nach der Ernte empfehlenswert. Zu häufig gießen sollte man ihn nicht, denn sein tief nach unten ragendes Wurzelsystem reagiert empfindlich auf stauende Nässe. Wegen der unerwartet langen Wurzel sollte Wegerich besser in einem tiefen Pflanzgefäß kultiviert werden. Der Balkonkasten ist dafür nicht geeignet.

Gesundes Wildgemüse

Der Schnitt der Blätter erfolgt nach Bedarf, sie können aber auch im Ganzen geerntet werden, am besten zu Beginn der Blütezeit und später ein zweites Mal im Spätsommer. Beim Abschneiden ist es wichtig, nicht bis in die Blattrosette zu schneiden, um die Basis nicht zu verletzten. Auch auf das saubere Durchtrennen der Blattnerven ist zu achten. Geschnittene Wegerichblätter werden durch Oxidation an Druckstellen schnell schwarz, müssen also behutsam behandelt und schonend an der Luft getrocknet werden.

Auch die Blütenknospen kann man essen. Sie schmecken nach Champignons und bereichern als essbare Blüten den Salat oder werden in Gemüsegerichten mitgedünstet. Die Blätter dagegen sind bitter im Geschmack, können aber roh kleingeschnitten mit in den Kartoffelsalat, in Omeletts oder herzhafte Pfannkuchen gegeben werden. Der Pflanzensaft wird durch Auspressen der frischen Blätter gewonnen und wegen der Oxidation sofort verarbeitet. Es lassen sich auch Kaltauszüge vornehmen, bei denen die Blätter kleingeschnitten in heißes Wasser gelegt werden. Alles zusammen wird dann mit Zucker zu Sirup verkocht und mit Zitronensäure konserviert. So bleibt der Sirup im Kühlschrank ein paar Wochen haltbar. Der Auszug kann auch eingelegt in Zucker oder Honig erfolgen und ist dann etwa ein Jahr haltbar. Diese Prozedur dauert aber drei Wochen. Vom Sirup wird bei Hustenbeschwerden etwa dreimal täglich ein Teelöffel eingenommen oder in Hustentee aufgelöst.

Paraguay-Stevie

Stevia rebaudiana

Standort: *sonnig, sandig-humoses Substrat mit guter Wasserversorgung*
Lebensweise: *mehrjährig*
Ernte: *Blätter ganzjährig*

Als Süßungsmittel ist die Stevie in ihren tropischen und subtropischen Herkunftsländern schon lange ein Begriff. In Paraguay wird damit seit Generationen Matetee gesüßt, während das Gewächs in Deutschland erst seit 2011 offiziell zum Aromatisieren von Speisen zugelassen ist. Die Blätter der Pflanze enthalten das Glykosid Steviosid, das 300-mal stärker als Zucker ist. Nach Trocknung und Zerreiben der Blätter zu Pulver ist der Süßungsgrad immerhin noch etwa 15-mal stärker und die Methode wesentlich gesünder, für Diabetiker geeignet und ohne die Gefahr von Kariesbildung.

Die auch als Süßblatt bezeichnete Pflanze ist immergrün, wächst buschig und wird etwa 30 cm hoch. Da sie frostempfindlich ist, eignet sie sich nur für die Topfkultur, wächst in humosen Böden mit hohem Mineralanteil und verlangt gleichmäßige Feuchtigkeit. Den Winter verbringt Stevia im Haus auf der hellen Fensterbank. Wegen der nicht sehr idealen Kulturbedingungen in unserem Klima wird sie häufig nur einjährig angebaut. Sie blüht erst spät im Jahr ab September und entwickelt dann kleine weiße Blüten in endständigen Scheindolden. Die Blüten sind für die Nutzung unbedeutend, wichtiger sind die kleinen Blättchen, die nach Bedarf in ganzen Trieben geerntet und frisch oder getrocknet verwendet werden können, um Süßspeisen, Kuchen oder Tee damit zu würzen. Den höchsten Süßstoffanteil haben ältere Blätter. Der Gehalt kann aber je nach Standortverhältnissen schwanken. Als Maß beim Backen eignet sich ein Richtwert von 1:15. Das bedeutet, 1 g Stevia entspricht in etwa 15 g Zucker.

Chinesisches Süßblatt

Rubus suavissimus

Standort: *sonnig, nährstoffreiche Kübelpflanzenerde mit guter Wasser- und Nährstoffversorgung*
Lebensweise: *mehrjährig*
Ernte: *Blätter vom Frühjahr bis zum Herbst, Beeren im Herbst*

Die mehrjährige Kletterpflanze erinnert in ihrer Wuchsform stark an hiesige Himbeeren und Brombeeren, ist nur ein wenig zierlicher. Ihre fünfzähligen Blätter haben starke Ähnlichkeit mit denen von Cannabis, aber ein völlig anderes Wirkungsspektrum. Tian Cha, wie die Blätter in China genannt werden, dienen im Reich der Mitte seit Generationen zum Süßen von Tee. So wie *Stevia* verfügt diese *Rubus*-Art über ein süßes Glykosid, hier Rubusosid, das etwa 200- bis 300-mal stärker süßt als normaler Zucker. Die etwa 15 cm großen Blätter enthalten darüber hinaus auch gesunde Antioxidantien, die freie Radikale abfangen, entzündungshemmend und nierenstärkend sind, die Verdauung fördern und den Stoffwechsel positiv beeinflussen. Außerdem wird es in Ostasien erfolgreich als Mittel gegen Heuschnupfen eingesetzt und als innerlich wirkendes Kosmetikum genutzt, weil es die Haut verbessert.

Das Chinesische Süßblatt ist nur bedingt winterhart. Es wirft im Spätherbst die Blätter ab und treibt im Frühjahr neu aus. Während der Winterruhe sollte es an einem frostfreien Platz stehen. Den ganzen Sommer über bilden sich an den 1–3 m langen Blattranken kleine weiße Blüten. Daraus entwickeln sich orangefarbene Beeren, die ebenfalls aromatisch süß schmecken. Die Blätter werden nach Bedarf gepflückt, schonend getrocknet und zu Pulver zerrieben. So wie *Stevia* sind sie ein diabetikergeeignetes Süßungsmittel für Tee, Kuchen und Süßspeisen.

Süßdolde

Myrrhis odorata

Standort: *halbschattig bis schattig, lockere humusreiche Lehmböden, feucht halten*
Lebensweise: *mehrjährig*
Ernte: *junge Blätter im Frühjahr*

Die aromatische Staude ist auf waldreichen Bergwiesen heimisch und bildet dort im Halbschatten mit ausladenden Blattfiedern farnartige Bestände. Die Blätter verströmen einen typischen anisartigen Geruch, der auf ein ätherisches Öl namens Anethol zurückzuführen ist. Die weich behaarte Pflanze hat einen hohlen Stängel und bildet Blüten-dolden mit duftenden winzigen weißen Einzelblüten. Aus diesen entwickeln sich im Spätsommer schwarz-glänzende Samenkörner in borstig behaarten Fruchtkapseln. Die unreifen Samen eignen sich als Beigabe im Salat und in Fischgerich-ten oder werden als Anisersatz in Brot oder Kuchen mitgebacken. Die jungen Blätter werden im Frühjahr frisch geerntet und können zusam-men mit anderen Wildkräutern zu einer Suppe zubereitet werden. Sie aromatisieren auch Quark- und Obstspeisen oder Salate. Die aroma-tischen Blätter der Süßdolde dienen nicht nur als Zuckerersatz in Süß-speisen, sondern haben auch eine schleimlösende Wirkung, die sie für Hustentees prädestiniert. Außer-dem fördern sie die Verdauung. Verwendet werden sie in frischem Zustand. Zum Haltbarmachen der Aromastoffe kann man die Blätter auch kleingeschnitten einfrieren. Vermehrt wird die Pflanze über Aus-saat im Herbst. Die Samen benöti-gen zum Keimen einen Kältereiz.

Aztekisches Süßkraut

Lippia dulcis

Standort: *sonnig, warm, windge-*
schützt; sandig-lehmiges, durchläs-
siges Substrat
Lebensweise: *mehrjährig*
Ernte: *Blätter ganzjährig*

Wer eines der kleinen ovalen Blätter probiert oder an den kleinen weißen knopfartigen Blüten schnuppert, weiß sofort, wofür diese Pflanze sich gut eignet. Die kriechende Pflanze mit den langen rankenden Trieben enthält einen natürlichen Süßstoff, der im Geschmack und Geruch sehr intensiv ist. Das Aztekische Süßkraut stammt aus Mittelamerika und ist in unserem Klima frostempfindlich. Wer es über den Winter hinaus kultivieren möchte, muss es im Haus an einen hellen Platz stellen. Die Topfkultur ist also obligatorisch. Gut geeignet ist ein Ampelgefäß, aus dem die Blattranken dekorativ überhängen. Es ist ratsam, sie regelmäßig zu stutzen, damit die schnell wachsenden Triebe nicht zu lang werden. Die Blätter des Süßkrauts eignen sich kleingeschnitten zum Süßen von heißem Tee. Die Pflanze enthält außerdem einen hohen Anteil Kampfer, auf den die ebenfalls schleimlösende Wirkung von *Lippia*-Tee bei Atemwegserkrankungen zurückzuführen ist. In hohen Dosen kann dieser zu Überempfindlichkeiten führen. Der Tee hat dadurch auch immer einen leicht bitteren Beigeschmack.

Neben dem Sitzplatz entfalten die Blüten an warmen Tagen einen honigsüßen Duft. Das Süßkraut benötigt einen sonnigen Platz und durchlässige Kräutererde, die gleichmäßig feucht gehalten werden sollte. In rohem Zustand kann es allergische Reaktionen hervorrufen, aber der Süßstoff wird ohnehin nur in heißen Flüssigkeiten freigesetzt.

Echter Thymian

Thymus vulgaris

Standort: *sonnig, warm trocken; sandig-lehmiges, durchlässiges Substrat*
Lebensweise: *mehrjährig*
Ernte: *Triebe und Blüten kurz vor der Hauptblütezeit*

Wie es möglich ist, dass eine niedrigwüchsige Pflanze mit so kleinen Blättchen und Blüten so viel Aroma enthält und damit so vielen heilenden und kulinarischen Zwecken dient, bleibt selbst dann ein Rätsel, wenn man ihre Lebensweise und ihre Wirkstoffe genau kennt. Thymian ist ein echter Allrounder – beliebt in Zier- und Kräutergärten, als Duft- und Würzkraut im Topf auf Balkon und Terrasse und als Heilpflanze besonders bei Husten und Heiserkeit. Weltweit sind etwa 350 Arten dieses kleinen Halbstrauchs bekannt, aus denen immer mehr

Kultivare mit verschiedenen Aromen gezüchtet werden. Für die Heilkunde sind nur wenige Arten relevant: beispielsweise der hier beschriebene Echte Thymian und die beiden heimischen Arten Feld-Thymian (*Thymus pulegiodes*) und Sand-Thymian (*Thymus serpyllum*).

Natürlicherweise wächst Thymian auf kargen, kalkreichen Böden des Mittelmeerraumes und entwickelt im trocken-heißen Klima verschiedene ätherische Öle, von denen das antiseptisch wirkende Thymol im Echten Thymian den höchsten Anteil hat. Je nach Art wechselt die Zusammensetzung, sodass bei einigen Arten wie dem Mastix-Thymian (*Thymus mastichina*) auch beruhigende Wirkstoffe vorherrschen, die in der Aromatherapie oder bei Räucherzeremonien zum Einsatz kommen.

Lindernde Wirkung

In der Antike wurde Thymian vorwiegend bei rituellen Handlungen wie der Beisetzung von Toten genutzt. Erst im Mittelalter setzte sich der Gebrauch bei Krankheiten und in der Küche durch. Hildegard von Bingen pries beispielsweise die lindernden Eigenschaften bei Asthma und Keuchhusten. Das Wort *thymos* bedeutet im Griechischen unter anderem Kraft und bezeichnet sowohl seine Würzkraft als auch die stärkende und stimulierende Wirkung seiner Inhaltsstoffe. Flavonoide und Serpentine fördern das Abhusten und lindern den Hustenreiz. Thymian fördert sowohl die Durchblutung als auch die Verdauung. Aus frischen Blättern lässt sich ein Ölauszug zur äußeren Anwendung gewinnen. Üblich ist aber das Überbrühen der frischen oder getrockneten Blätter für Tees, Badezusätze oder Gurgellösungen.

Vor Nässe schützen

Echter Thymian benötigt eine durchlässige, kalkhaltige Erde und einen sonnigen, warmen Platz. Er ist sehr trockenheitstolerant und bildet bei Hitze die meisten Aromastoffe. Winterliche Nässe verträgt er allerdings nicht. Hier hilft eine licht- und luftdurchlässige Abdeckung, die Regen und Schnee vom Wurzelbereich fern hält. Nützlich ist auch eine Mulchschicht aus kalkhaltigem Kies, unter der der Boden warm bleibt. Im Frühjahr wird der Halbstrauch kräftig zurückgeschnitten, damit er buschig austreibt mit vielen frischen Blättchen. So bleibt er auf Dauer in Form und auch in der Topfkultur vital. Eine Düngung ist nicht erforderlich, allenfalls ein wenig Algenkalk. Bevor sich die kleinen lilafarbenen Blüten öffnen, ist die beste Erntezeit. Die Triebe werden dann im Ganzen abgeschnitten, zum Würzen in Eintöpfe oder zum Braten gegeben und zum Aromatisieren von Salz, Essig oder Öl verwendet. Andernfalls werden sie für Marinaden oder Kräuterbutter einzeln abgezupft und wenn nötig klein gehackt. Getrocknet werden ebenfalls die ganzen Triebe und die Blättchen kurz vor dem Gebrauch zerrieben. Die Blüten sind essbar und eine hübsche Dekoration auf dem Salat.

Ab August sollten keine Triebe mehr geschnitten und die Pflanze nicht mehr gedüngt werden, um die Aushärtung junger nachwachsender Triebe vor dem Winter nicht zu verzögern.

Kleiner Wiesenknopf

Sanguisorba minor

Standort: *sonnig bis halbschattig, frisch; kalkhaltiges, durchlässiges Substrat*
Lebensweise: *mehrjährig*
Ernte: *Blätter im Frühjahr kurz vor der Blütezeit*

In extensiv genutzten Wiesen und naturnahen Grasbeständen ist der Kleine Wiesenknopf noch häufig anzutreffen. Er ist ein typisches Wildkraut unserer heimischen Flora mit würzigem, anregendem Geschmack. Der Kleine Wiesenknopf gilt als blutreinigend und wird deshalb gern für entschlackende Frühjahrskuren verwendet. Außerdem ist er eines der sieben Kräuter, die zum festen Bestandteil der bekannten Frankfurter Grünen Soße gehören (Seite 26). Im Mittelalter war die Pflanze fester Bestandteil in Gemüse- und Kräutergärten, geriet aber später in Verges-

senheit und wurde vor wenigen Jahren kaum noch irgendwo kultiviert. Im Zuge der Wiederentdeckung alter Bauerngartenpflanzen und dem wachsenden Interesse an der Wildkräuterküche erfährt sie aber immer mehr Aufmerksamkeit.

Einfache Kultur

Die krautige Staude wird etwa 30 cm hoch und hat unpaarig gefiederte Blätter mit kleinen gesägten Einzelblättchen. Die Stiele sind oft rötlich überlaufen, was gemäß der Signaturenlehre auch als Hinweis auf die blutstillende Eigenschaft der Pflanzengattung gelten kann. Über die Blätter der horstig wachsenden Pflanze erheben sich die langgestreckten blattlosen Blütenstiele mit jeweils einem ährenartigen Blütenstand. Die männlichen Staubgefäße befinden sich darin unter den weiblichen Narben. Diese Anordnung macht Sinn bei der Windbestäubung, denn sie verhindert, dass die Pollen auf die Griffel derselben Pflanze fallen. So wird für Fremdbestäubung und genetischen Austausch gesorgt.

Im einem Kräuterkasten auf dem Balkon kann der kleine Wiesenknopf gut kultiviert werden. Er ist winterhart und mehrjährig, treibt also im Frühjahr zuverlässig wieder aus. Die Pflanze ist auch sehr robust gegen Trockenheit und benötigt nicht viele Nährstoffe. Der Wiesenknopf vermehrt sich durch Aussamen, kann aber auch als Pflanze in Kräutergärtnereien bezogen werden.

Blutstillende Eigenschaften

Der Kleine Wiesenknopf wird häufig auch als Pimpinelle bezeichnet, was aber zu Verwechslungen mit der Bibernelle (*Pimpinella major*), einem Doldenblütler, führt. Eng verwandt ist er dagegen mit dem Großen Wiesenknopf (*Sanguisorba major*), der, wie der Name schon ausdrückt, etwas größer ist und auf feuchten Wiesen wächst. Er enthält zusammenziehende Wirkstoffe, die sich bei Blutungen und Entzündungen der Atemwege als nützlich erweisen. Überwiegend wird er als wundheilend eingesetzt. Mehr noch als bei dem Kleinen Wiesenknopf kommt bei dem großen Bruder die Bedeutung des Gattungsnamens zum Tragen. *Sanguisorba* heißt aus dem Lateinischen übersetzt so viel wie Blut aufsaugend.

Für die Wildkräuterküche

Der Kleine Wiesenknopf ist robust und pflegeleicht, sät sich selbst aus und ist winterhart. Seine grünen Blätter können das ganze Jahr über geerntet werden, enthalten aber die meisten Wirkstoffe im Frühjahr kurz vor der Blütezeit. Die jungen Blätter haben einen gurkenähnlichen Geschmack und sind kleingeschnitten delikat in Wildkräutersalaten, Kräuterquarks und als milde Würze in Soßen. Im Lauf des Jahres werden sie etwas zu hart und fest, um sie frisch zu verwenden. Auch die Blattstiele sollten nicht mitgegart werden, die Fiederblättchen werden dazu vorher abgestreift. Aus den getrockneten Blättern lässt sich auch ein Teeauszug bereiten, der bei Verdauungsproblemen und Harnwegsstörungen hilft. Der Auszug eignet sich auch für Umschläge, die bei geröteter Haut aufgelegt werden.

Echter Ziest

Stachys officinalis

Standort: *sonnig, warm trocken; sandig-lehmiges, durchlässiges Substrat*
Lebensweise: *mehrjährig*
Ernte: *Blütenstiele und Blätter während der Blütezeit im Sommer*

Im Mittelalter waren Mediziner wie Leonhart Fuchs oder der Mönch Walahfried Strabo fasziniert von dieser markanten Staude. Demnach brachte sie nicht nur Linderungen bei vielen Erkrankungen und Hilfe bei Heimsuchungen wie der Pest, sondern schützte auf magische Weise auch vor Zauberkräften. Antonius Musa, der Leibarzt von Kaiser Augustus, würdigte bereits im Altertum die Pflanze in dem Wunderdrogentraktat *De vettonica herba liber*, in dem er sage und schreibe über 40 Leiden aufführt, gegen die der Echte Ziest zu helfen vermag. Auch Dioskurides beschrieb ihn in seiner *Materia medica* im vierten Buch gleich an erster Stelle unter der Bezeichnung kestron zur Behandlung der verschiedensten Beschwerden und empfahl, die getrockneten zerriebenen Blätter in einem „irdenen Kruge" aufzubewahren. Das Allheilmittel des Altertums geriet in der Neuzeit etwas in Vergessenheit, aber mit dem Wiederentdecken natürlicher Behandlungsmethoden wird der Echte Ziest zunehmend wieder als Heilmittel genutzt.

Zur Botanik

Früher war der Echte Ziest unter der Bezeichnung Echte Betonie bekannt und wurde auch als eigenständige Gattung *Betonica* innerhalb der Lippenblütler geführt. Die phylogenetische Zuordnung wird immer noch diskutiert. Für die Zuordnung zur Gattung *Stachys* spricht, dass die Staubblätter der Einzelblüten zunächst parallel stehen und sich zur Blütezeit nach außen drehen – ein typisches Merkmal des Ziests. Die Pflanze wächst horstig und entwickelt etwa 40 cm hohe, dunkelgrüne Sprosse mit charakteristischen Blättern. Die Form der Blätter ist länglich-oval, sie setzen gegenständig am kantigen Stängel an und sind buchtig gekerbt wie bei Eichenblättern. An der Basis bilden sie eine Blattrosette und sind dort langgestielt. Ihre dorsiventralen Blüten erscheinen in hohen, starr aufrechten Scheinähren in plakativem Magentarot. Der Echte Ziest kommt mit seinem dekorativen Habitus auch häufig in Zierbeeten zum Einsatz und eignet sich für florale Gestaltungen. Er wächst im Topf oder Balkonkasten in durchlässiger Kräutererde und ist in Bezug auf die Wasserversorgung recht anspruchslos. Eine organische Langzeitdüngung im Frühjahr reicht mehrere Wochen. Bei Nährstoffmangel färben sich die Blätter gelb und die Blattrippen bleiben grün. Die Staude bevorzugt einen sonnigen Platz, kommt aber auch mit Teil-

schatten zurecht. Geerntet werden Blütenstiele und Blätter während der Blütezeit im Sommer von Juli bis August. Sie werden getrocknet, kleingeschnitten und bei Bedarf für Aufgüsse, Gurgellösungen und als Bestandteil von Schnupftabak verwendet. Auch eine Tinktur kann hergestellt werden, die für Umschläge dient, mit denen Hautgeschwüre und infizierte Wunden behandelt werden.

Heilkundliche Bedeutung

Echter Ziest schmeckt bitter und verfügt über adstringierende (zusammenziehende) Eigenschaften, insbesondere durch das blutstillende Stachydrin. So sind seine wundheilenden und entzündungshemmenden Wirkungsweisen zu erklären. Dazu kommt die Fähigkeit, die Gehirndurchblutung anzuregen und so Kopfschmerzen zu verbessern. Ein Grund dafür, warum der Echte Ziest nach dem 18. Jahrhundert kaum noch zur Anwendung kam, war vermutlich die unübersichtliche Fülle an Indikationen, die keine eindeutige Zuordnung mehr möglich machte. Einer aktuellen Studie zufolge ist der Einsatz von Ziest aber immerhin bei folgenden Indikationen gerechtfertigt: Bei Erkrankungen der Atemwege, der Leber, bei Magenbeschwerden, Vergiftungen, Ödemen, Verdauungsbeschwerden, bei Menstruationsstörungen und zur Wundbehandlung.

Zistrose

Cistus incanus

Standort: *sonnig, warm und trocken; hochwertige
Kübelpflanzenerde Staunässe vermeiden*
Lebensweise: *mehrjährig*
Ernte: *Blätter zur Hauptblütezeit im Frühsommer*

Im Zusammenhang mit der Zistrose fällt meist irgendwann der Begriff Ladanum. Der im Mittelmeerraum beheimatete immergrüne Strauch produziert ein von der Parfümindustrie begehrtes Harz, das dem Ambra der Pottwale ähnelt und als Ersatzstoff dafür gilt. An heißen Tagen scheidet die Pflanze über ihre Blätter besonders viel Harz aus ihren Drüsen aus, sodass ein aromatischer Geruch in der Luft liegt. Aber die Zistrose hat noch eine ganze Reihe weiterer ätherischer Öle und sekundärer Pflanzenstoffe aufzuweisen, die als Antioxidantien wirken, das Hautbild verbessern und den Körper entgiften. Als Heilpflanze hat sie bereits eine lange Geschichte, die bis in die Antike zurückreicht.

Göttliche Kraft

Vermutlich entspricht das Ladanum der in der Bibel genannten Myrrhe, die die Heiligen Drei Könige Jesus mit in die Krippe brachten. Der Sage nach auch schon lange vorher, auf dem Olymp, teilten die Götter der Zistrose die Aufgabe zu, die Wunden der verletzten Krieger zu heilen – sehr zum Verdruss ihrer Frauen, die es lieber sahen, wenn die Pflanze weiterhin für die Schönheitspflege nutzbar wäre. Schließlich wurde beschlossen, dass die Zistrose beides können soll – Wunden pflegen und auch die Haut. Und so ist es glücklicherweise noch heute. Ausschlaggebend dafür ist allerdings nicht der weise göttliche Ratschluss, wie man heute weiß, sondern der hohe Anteil an natürlichen Polyphenolen, die auch als sogenannte Phytamine gelten. Sie bekämpfen zellschädigende Moleküle wie die freien Radikalen durch ihre hohe antioxidative Wirkung.

Zarte Knitterblüten

Auf dem Balkon werden Zistrosen am besten in einem separaten Topf mit spezieller Kübelpflanzenerde kultiviert. Um die empfindlichen Wurzeln vor Staunässe zu schützen, wird in das Gefäß unten zunächst eine etwa 3 cm hohe Dränageschicht aus Blähton gefüllt und erst dann das Substrat. Die Pflanze wird nur mäßig gegossen und regelmäßig mit einem phosphorreichen Dünger für bessere Blütenbildung versorgt. Im Winter wird sie an einen kühlen, hellen Platz im Haus gestellt.

Botanisch gesehen sind Zistrosen keine Rosen, sondern Namensgeber der Zistrosengewächse. Sie haben vom Habitus und von der Blütenform her allerdings eine gewisse Ähnlichkeit mit Heckenrosen. Ihr Lebensraum sind die mediterranen Zwergstrauchgesellschaften der Macchie, wo die nur etwa 50 cm hohen Halbsträucher in praller Hitze den kargen trockenen Boden besiedeln. Eines ihrer typischen Merkmale sind die kurzlebigen rosafarbenen Blüten, die sich während der Blütezeit von Mai bis Juni am frühen Morgen entfalten und am Abend bereits verwelken. Ihr leicht zerknitterter Zustand und der auffallend gelbe Stempel in der Blütenmitte sind ihre Markenzeichen. Die Blätter der Zistrose sind eiförmig-lanzettlich, graugrün und ebenso wie die verzweigten Sprosse beidseitig behaart zum Schutz vor Verdunstung.

Nicht alle Arten der Pflanzengattung weisen wirksame Bestandteile auf. Am besten untersucht sind diese bei der Graubehaarten Zistrose. Auch die Bodenverhältnisse können dafür ausschlaggebend sein: Auf besonders magnesiumreichen Böden wurden die Exemplare mit den meisten wertvollen Inhaltsstoffen nachgewiesen.

Zistrosentee

Für den entzündungshemmenden Tee gießen Sie 10 g Kraut mit 1 l kochendem Wasser auf und lassen den Sud 10–15 min ziehen, bevor Sie das Kraut abseihen. Der Tee hat eine adstringierende und wundheilende Wirkung und kann auch äußerlich als Umschlag genutzt werden. Außerdem eignet er sich für eine Entgiftungskur. Dazu wird 1 l Tee über den Tag verteilt getrunken, die erste Tasse morgens auf nüchternen Magen.

Zitronen-Melisse

Melissa officinalis

Standort: *sonnig bis halbschattig, warm; durchlässige kalkhaltige Kräutererde, mäßig gießen*
Lebensweise: *mehrjährig*
Ernte: *frisches Kraut (Blätter und Stiele) vom Frühjahr bis zum Herbst*

Ein erfrischender Sommerdrink mit spritziger Note kommt selten ohne einen Stängel Zitronen-Melisse aus. Aber das aromatische Kraut allein darauf zu reduzieren, wäre nicht gerechtfertigt. Allerdings ist ihre Zitrusnote besonders markant – sie steckt schließlich auch in ihrem deutschen Namen. Selbst die heilige Hildegard von Bingen attestierte der Pflanze, dass sie das Herz erfreut – frei nach dem Motto „sauer macht lustig". Anregend und erfrischend ist die Zitronen-Melisse einerseits, andererseits – wenn man an den bekannten Melissengeist denkt – aber auch entspannend und beruhigend. Vermutlich ist letzteres die Voraussetzung für die folgende gute Laune. Diese Schlussfolgerung tätigte auch Jakob Theodor Tabernaemontanus, ein berühmter Botaniker des 16. Jahrhunderts und Verfasser des *Neuw Kreuterbuch*. Über Melissenblätter schrieb er sinngemäß, dass sie den Magen erhitzen, die Verdauung fördern, Traurigkeit und Schrecken vertreiben und fröhliche Träume machen. Der Name *Melissa* ist eine Reminiszenz an das griechische Wort für Honigbiene und eine Erinnerung daran, dass die Melisse eine ausgezeichnete Nektarpflanze für Bienen ist.

Würze im Halbschatten

Die Zitronen-Melisse ist eine etwa 50 cm hohe, verzweigte Staude mit weichen, herzförmigen Blättern und kleinen weißen Blüten in Scheinquirlen. Sie wird oft mit der Pfeffer-Minze verwechselt. Auffällig sind die hervortretenden Blattnerven und der runde Spross, die sie zweifelsfrei von der Minze unterscheiden. Wahrscheinlich liegt die vermutete Ähnlichkeit eher an der vergleichbaren Wuchsform und dem Standort. Wie die Minze toleriert die Zitronen-Melisse auch etwas Schatten, bildet Ausläufer und wächst in nicht zu trockener nahrhafter Erde. Die Pflanze ist winterhart und treibt im Frühjahr neu aus. Vorher sollte sie zurückgeschnitten werden, um die buschige Wuchsform zu erhalten. Die Blätter älterer Triebe werden mit der Zeit zu hart und anfällig für Blattfleckenkrankheiten. Der Rückschnitt an der Basis sowie regelmäßige Ernte halten die Pflanze jung. Der beste Erntezeitpunkt ist unmittelbar vor der Blüte, dann ist der Anteil ätherischer Öle in den Blättern besonders hoch. Später verändern sich sowohl der Geruch als auch der Geschmack der Pflanze durch eingelagerte Bitterstoffe. Eine zweite Ernte ist oft im ausklingenden Sommer möglich. Gedüngt wird die Pflanze danach

nicht mehr, damit weniger junge Sprosse nachtreiben, die sonst vor dem Winter nicht mehr ausreifen können. Geerntet werden ganze Triebe, die am besten frisch verwendet werden. Schonendes Trocknen ist ebenfalls möglich, der Aromaverlust durch Trocknen und/oder Erhitzen ist aber hoch. An Druckstellen bekommen die Blätter leicht schwarze Stellen und werden dann unbrauchbar. Das Abstreifen der Blätter erfolgt erst unmittelbar vor dem Gebrauch, damit sich das freiwerdende Öl nicht zu schnell verflüchtigt.

Eingefangene Aromen

Melissentee ist bekannt dafür, dass er bei Magen-Darm-Problemen hilft und die Nerven beruhigt. Eine Tinktur aus den frischen Blättern dient tropfenweise verdünnt zum Gurgeln bei Zahnfleischentzündungen oder für Umschläge oder Einreibungen gegen Muskelverspannungen. Melissenextrakt ist auch eine aromatische Grundlage für Cremes und Badezusätze. In der Küche würzt sie Obstsalate, Joghurt- oder Quarkspeisen und Torten. Außerdem eignet sie sich als Beigabe in Salaten und Marinaden.

Service

Einige Anregungen für empfehlenswerte Bücher und Internetseiten zum Thema sowie Bezugsquellen für das im Buch vorgestellte Zubehör finden Sie auf der folgenden Seite.

Zum Weiterlesen

BEISER, R. (2012):
Mein Heilpflanzengarten
Verlag Eugen Ulmer, Stuttgart

BEISER, R. (2013):
Kraft und Magie der Heilpflanzen
Verlag Eugen Ulmer, Stuttgart

BEISER, R. (2015):
Kräuterlust
Verlag Eugen Ulmer, Stuttgart

BÜHRING, U. (2015):
Alles über Heilpflanzen
Verlag Eugen Ulmer, Stuttgart

BÜHRING, U. (2014):
Heilpflanzenrezepte
Verlag Eugen Ulmer, Stuttgart

BURCKHARDT, C. (2013):
Alles über Wildpflanzen
Verlag Eugen Ulmer, Stuttgart

FASSMANN, N. (2015):
Mein wunderbarer Naschbalkon
Verlag Eugen Ulmer, Stuttgart

HOHENBERGER, E. (2010):
Gewürzkräuter und Heilpflanzen
Obst und Gartenbauverlag,
München

KÖTTER, E. (2015):
Kräuter für jeden Geschmack.
Gräfe und Unzer Verlag, München

SCHÖNFELDER, P. u. I. (2010):
Der Kosmos Heilpflanzenführer
Franck-Kosmos Verlag, Stuttgart

TREBEN, M. (2013):
Gesundheit aus der Apotheke Gottes
Ennsthaler, Steyr

TUBES, G. (2012):
Nutzbare Wildpflanzen
Quelle & Meyer Verlag, Wirbelsheim

TUBES, G. (2014):
Süßes von Waldbäumen und Wild-
sträuchern
Quelle & Meyer Verlag, Wirbelsheim

Zum Weiterklicken

www.heilpflanzen-katalog.de

www.heilkraeuter.de

www.heilpflanzen-welt.de

www.pharmawiki.ch/materiamedica

www.pflanzenfreunde.com/heilpflanzen

Bezugsquellen

REINEN ALKOHOL und KAKAO-
BUTTER für die Tinkturen und
Cremes erhalten Sie in der Apotheke.

Die BRIDGETÖPFE gibt es zum
Beispiel bei www.elho.com.

Die KUNSTSTOFFPFLANZSÄCKE
erhalten Sie bei www.querbeet.com.

HEILPFLANZEN kaufen:
Artemisia – Allgäuer Kräutergarten
www.artemisia.de

Staudengärtnerei Gaissmayer
www.gaissmayer.de

Gärtnerei Hügin
www.ewaldhuegin.com

Rühlemann's Kräuter & Duftpflanzen
www.kraeuter-und-duftpflanzen.de

Syringa Kräutergärtnerei
www.syringa-pflanzen.de

Nachgeschlagen

Bildquellen

Auhustsinovich/Shutterstock.com: S. 69; Beiser, Rudi: S. 49, 50; Bildagentur Zonar GmbH/ Shutterstock.com: S. 87; Bühring, Ursel: S. 92, 93, 98, 106; Colourbox.de: S. 45; Diez, Otmar/ imago natura: S. 53; eelnosiva/Shutterstock.com: S. 102; Eldred Lim/Shutterstock.com: S. 51; Florapress/MAP: S. 122; Georgios Alexandris/Shutterstock.com: S. 118; haris M/ Shutterstock.com: S. 72; ittipon/Shutterstock.com: S. 63; joloei/Shutterstock.com: S. 108; Julie Vader/Shutterstock.com: S. 74; Kwanbenz/Shutterstock.com: S. 46; Le Do/Shutterstock.com: S. 54; LianeM/Shutterstock: S. 72; Martin Fowler/Shutterstock: S. 85; mauritius images: S. 6, 22, 41, 44, 47, 55, 56 (beide), 57, 59, 61, 62, 64, 65, 66, 67, 70, 73, 77, 78, 80, 81, 84, 88, 89, 90, 91, 94, 97, 105, 110, 111, 112, 114, 115, 116, 121, 124; Möhrle, Bigi: U1, S. 4, 9, 10, 13, 15, 14, 16, 17, 19, 20, 21, 23, 24, 26, 27, 28, 29, 30, 31, 32, 35, 36, 38, 43; mr_coffee/Shutterstock.com: S. 117; Nadalina/Shutterstock.com: S. 101; oksana2010/Shutterstock.com: S. 52; pimpisan02/Shutterstock.com: S. 48; Rühlemann's Kräuter und Duftpflanzen/Daniel Rühlemann: S. 109; Steffen Hauser/Botanikfoto: S. 69; Syringa Duftpflanzen und Kräuter: S. 42;
Die Zeichnungen fertigte red.sign/Anette Vogt und Susanne Junker.

Die in diesem Buch enthaltenen Empfehlungen und Angaben sind von der Autorin mit größter Sorgfalt zusammengestellt und geprüft worden. Eine Garantie für die Richtigkeit der Angaben kann aber nicht gegeben werden. Autorin und Verlag übernehmen keinerlei Haftung für Schäden und Unfälle.

Impressum

Bibliografische Information der Deutschen Nationalbibliothek
Die Deutsche Nationalbibliothek verzeichnet diese Publikation in der Deutschen Nationalbibliografie; detaillierte bibliografische Daten sind im Internet über http://dnb.d-nb.de abrufbar.

© 2016 Eugen Ulmer KG
Wollgrasweg 41, 70599 Stuttgart (Hohenheim)
E-Mail: info@ulmer.de
Internet: www.ulmer-verlag.de
Lektorat: Alessandra Kreibaum, Doris Kowalzik
Herstellung: Martina Gronau
Umschlagentwurf: Verlag Eugen Ulmer
Innenlayout und DTP: red.sign, Susanne Junker, Stuttgart
Reproduktionen: timeRay Visualisierungen, Herrenberg
Druck und Bindung: Firmengruppe APPL, aprinta druck, Wemdingen
Printed in Germany

ISBN 978-3-8001-0361-4